실내투시도 따라하기

최 승 복 저

기 문 당

머리말

기존의 많은 표현기법의 번역서와 저서가 있지만 처음 투시도를 그리기 시작하는 학생들 및 기타 초보자들을 대상으로 기초과정부터 체계적으로 접근할 수 있는 교재는 그리 다양하게 개발되지 않은 상황이다. 그래서 적합한 세부적인 지침서를 계획하여 기초 과정의 부족한 부분을 위주로 다른 교재와의 차별성을 두도록 노력하였다. 특히 실내 디자인 교육관련 전공의 커리큘럼에 근거하여 시작에서 마무리까지 각 단계별 표현방법을 숙지할 수 있도록 훈련 지침을 제시한 것이 이 교재의 특징이다.

이 책의 구성과 편집은 투시도를 처음 대하는 초보자를 위하여 가급적 단순화하여 체계적으로 이해할 수 있도록 순서별로 정리하였으며 기본적인 투시도의 형태에서 점진적으로 복잡한 형태로 진행되도록 체계화 하였다. 실제로 스케치와 소묘기법을 배우지 않은 학생도 쉽게 이해할 수 있도록 학생들의 단계적 실습 작품을 차례로 소개함으로써 전 과정을 현실적인 테크닉 훈련법의 형태로 가능하게 구성하여 기존 전문가를 위한 투시도 교본 이전에 수행하여야 할 과정을 수록하였다.

아름다운 투시도를 그리는 기술은 사진을 찍는 기술과 흡사하다. 심미적인 예술과 기능적인 기술의 종합적 사고를 통하여 대상이 환경 속에서 보여주어야 할 목적에 부합된 디자인으로, 보는 사람이 공감할 수 있는 힘을 가져야 한다. 좋은 촬영 기자재만으로는 훌륭한 작품을 만들 수 없는 것처럼 투시도 그리는 방법을 이해한다고 해서 좋은 투시도를 만들 수는 없다. 전문가의 기술적인 테크닉을 따라하기 보다는 실내공간의 중요한 부분을 자연스럽게 표현할 수 있는 지속적인 연습과 인내가 필요하다.

2006. 2월

저자

감사의 글

■ 투시도에 관한 이 책은 디자인 표현기법 강의를 위하여 개발된 교재이며, 전문가 양성을 목적으로 초보자들이 쉽게 이해 할 수 있도록 구성하였다.
이 책의 발간을 위하여 협조해 주시고 도와주신 교수님들께 감사 드린다. 그리고 교재의 완성을 위해서 작지만 좋은 아이디어와 의견을 제시해 주고 찬사를 아끼지 않은 학생들에게도 특별히 감사의 마음을 보낸다. 본서에 작품을 제공한 학생들, 작품들의 정리와 감수를 위하여 다양한 의견을 제시해 주신 전문가와 교수님들께 다시 한번 감사를 드리며, 마지막으로 이해와 인내로써 항상 힘을 준 나의 가족과 아내에게 우정 어린 감사의 뜻을 전한다.

차례

투시도를 위한 제도의 기초 / 9

투시도의 이해 / 13

투시도 따라하기 / 23

- 1소점 투시도 / 23
- 2소점 투시도 / 36

투시도 디자인하기 / 47

- 사물의 스케치 연습 / 47
- 사물의 렌더링 연습 / 50
- 스케일의 활용 / 56
- 재료의 표현 / 60
- 투시도 디자인하기 / 62

투시도 완성하기 / 65

- 형태에 윤곽 넣기 / 65
- 형태에 음영 넣기 / 72
- 다양한 음영 표현 / 84

렌더링 따라하기 / 87

- 마카+색연필 활용방법 / 89
- 파스텔+마카+색연필 활용방법 / 93
- 영역별 표현방법 / 95
- 다양한 렌더링 표현방법 / 101
- 공간별 렌더링 표현방법 / 106

스케치와 디자인 / 113

- 연필로 스케치하기 / 114
- 펜으로 스케치하기 / 116

부록 / 119

■ 참고문헌 / 133

:: 투시도 제도용구 Drafting tool

어느 기술자도 공구 없이 일을 수행하기가 어렵다. 마찬가지로 디자이너도 제도공구 없이는 투시도를 그릴 수 가 없으며 공구를 잘 다루지 못하면 아무리 좋은 공구라도 훌륭한 작품을 기대하기 힘들다. 따라서 실제 사용되어지는 도구의 정확한 표현 방법을 숙지해야 한다.

이 단원에서는 제도를 위한 모든 도구를 소개하기보다는 투시도를 그리기 위한 일반적인 도구를 소개하고자 한다.

제도를 하기 위해서는 제도판이 필요하다. 책상 형태의 제도판과 이동을 위한 라미네이트판이 있다. 책상 형태의 제도판은 높낮이의 조절이 가능하며 일반 책상으로 활용하는 등 다목적의 기능을 가지고 있으나 이동이 어렵다. 제도판 위에 러버패드(Rubber pad)를 사용하면 탄력성을 유지하여 부드러운 표면 위에서 더욱 쉬운 제도를 할 수 있다. 별도로 구입이 가능하며 제도판과 함께 만들어져 있어 별도 구입이 필요 없다.

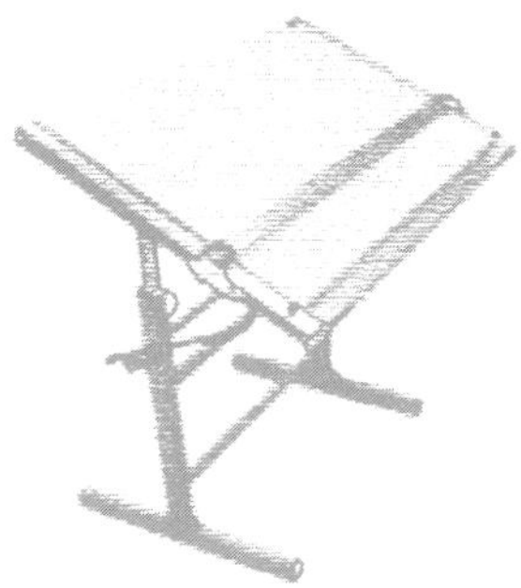

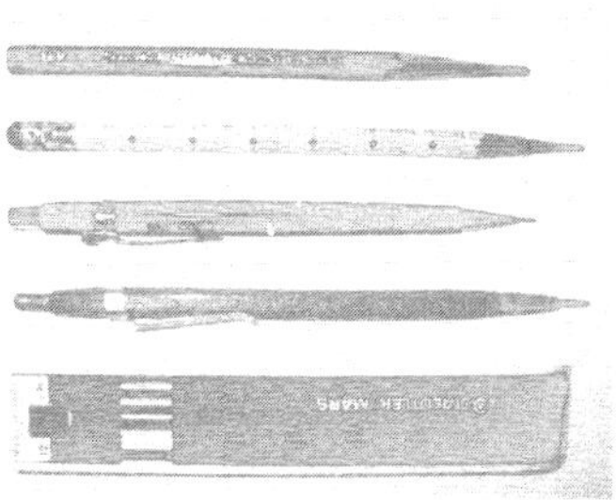

제도 혹은 스케치를 위해서 연필은 4H부터 4B를 사용한다. 샤프펜슬과 홀더가 많이 사용되는데, 홀더는 샤프펜슬에 비해 다양한 굵기의 연필 터치 효과를 만들 수 있는 것이 특징이다. 연필심을 사용하기 때문에 좌측에서 보이는 것처럼 심 갈이가 필요하다.

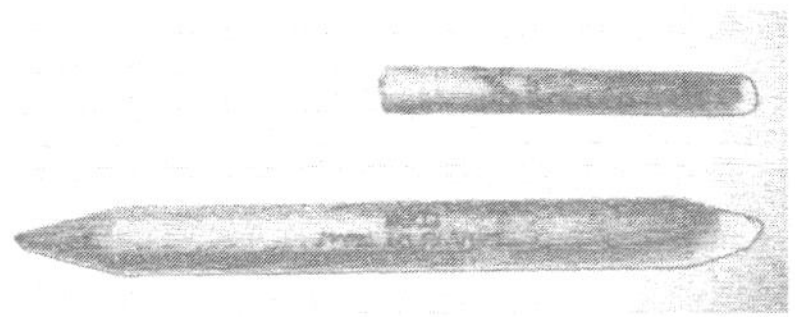

좌측의 찰필은 연필 등의 소묘나 정밀묘사 후 명암을 만들어 음영 연출을 가능하게 한다.

지우개는 유연하고 부드러운 것을 사용하는 것이 효과적이다. 부드러운 효과와 번지는 효과를 위해서 떡지우개를 사용하기도 한다.

치수를 재는데 사용하는 스케일자는 다양한 축척을 사용하여 실내 디자인 요소의 세부사항을 표시할 수 있다.

삼각자는 투명하거나 형광색의 플라스틱 제품을 많이 사용하는데, 그림에서와 같이 30°60°, 45°45° 그리고 각을 자유로이 만들 수 있는 특수자도 있다.

펜의 종류는 크게 수성과 유성으로 나뉘며, 펜의 굵기와 제조회사에 따라 종류는 다양하다. 펜의 굵기 선정은 4~5가지 종류의 굵기를 사용하는 것이 좋다. 선의 굵기는 공간 내부요소의 위치와 음영관계에 따라 다르게 표현할 뿐만 아니라 용지의 표면에 따라 서로 달라질 수 있다.

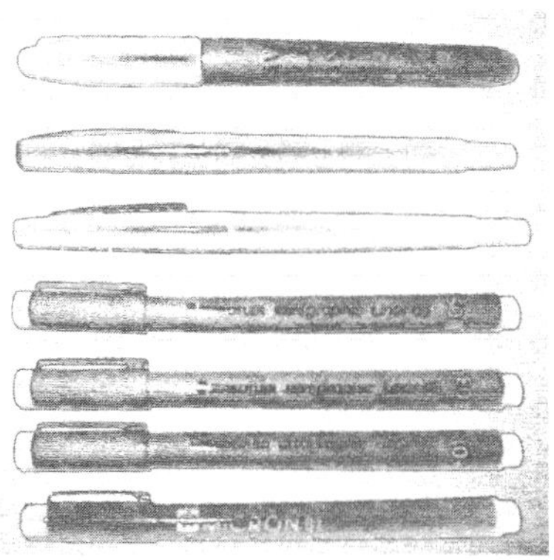

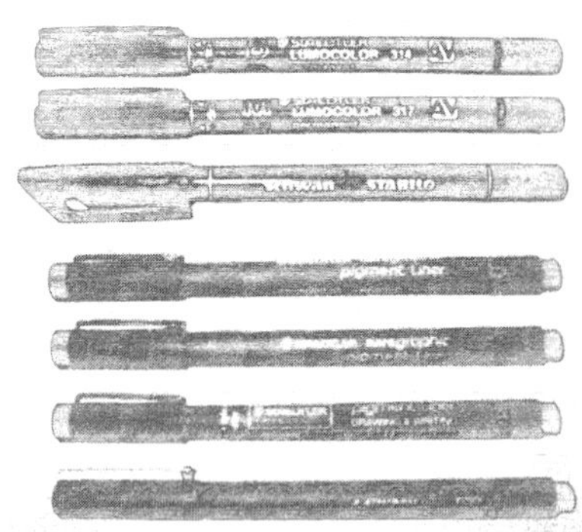

좌측 아래의 롤(Roll)트레이싱 페이퍼는 흰색 혹은 노란색이며, 연필이나 마카로 하는 다양한 스케치 연습에 효과적이다. 아래 우측의 벨륨(Vellum)은 고품질의 트레이싱 페이퍼로, 롤 트레이싱 페이퍼에 비해 무겁고 두꺼우며 최종 제도용으로 많이 사용된다.

특히, 트레이싱 페이퍼는 계속해서 종이를 위에 다시 놓아도 다음의 형태가 비춰져서 수정이 가능하기 때문에 다양한 디자인을 할 수 있다.

마카의 종류는 양쪽 팁의 형태 혹은 제조사에 따라 다르지만, 대부분 한 쪽은 가늘고 다른 한쪽은 굵은 것이 특징이다. 색의 종류는 매우 많아서 다음의 형태와 같이 100~200 종류의 컬러를 볼 수 있다. 초보자에게는 세트 형태의 마카보다 원하는 색상 혹은 많이 사용하는 색상 위주로 개별 구입하는 것이 바람직하다. 주로 사용되지 않는 색상은 낭비의 요인이 된다. 음영 연습을 위해서는 그레이톤(Gray tone)의 마카가 필요하다. 웜 그레이(Warm gray)와 쿨 그레이(Cool gray)가 주로 많이 사용되어지는데, 각각 따뜻한 분위기와 차가운 분위기를 보이며, 재료의 특징에 따라 혼합하여 사용하기도 한다.

그밖에 마무리 작업으로 색연필, 파스텔 등을 혼합하여 사용하기도 한다.

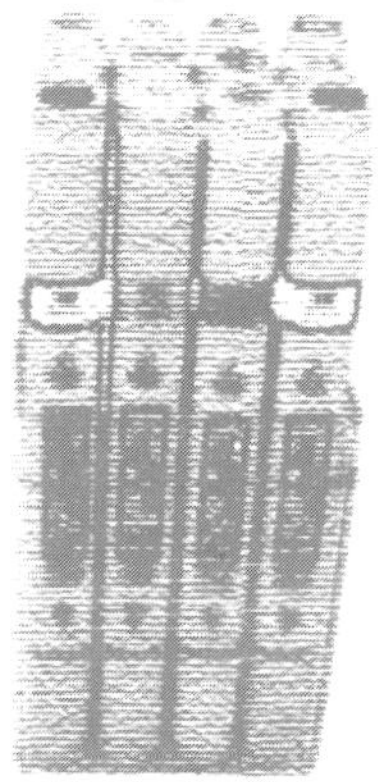

투시도의 이해

투시도는 대상물을 일정한 거리를 두고 사람의 눈에 비치는 모습을 3차원 또는 공간적인 형태로 표현하는 것이다. 일반적인 '스케치(Sketch)'와 다르게 주변환경과 풍경을 가장 사실적이고 실감나게 표현하는 것을 투시도라고 한다. '투시(Perspective)'는 물체를 통과하여 보는(View through objects) 형태로써 그대로 표현해낸다는 점에서 정확성이 요구되어지며, 가까이 있는 물체는 크게 나타나고 멀리 있는 물체는 작게 보이는 원근의 효과를 나타내기 때문에 물체를 사실적으로 표현할 수 있다.

일반적으로 투시도는 선형투시(Linear perspective), 평행투시(Paraline perspective), 직각투시(Orthographic perspective)의 세 가지로 구분되며, 실제의 형태를 다양하게 보이는 형태의 조합으로 나타낸 것이다. 각각의 형태는 다음과 같다.

:: 선형투시 Linear perspective

선형투시는 사람의 시선을 동한 대상물을 화면 위에 투영하여 실감나게 3차원적인 형태로 재현하는 투시도법이다.

일반적으로 널리 알려지고 가장 많이 사용하는 방법(이 교재에서 주로 사용한 투시도법)으로, 가까운 거리에서 멀어질수록 크기가 작아지며 희미해지는 형태로 모든 선들이 함께 모여지는 '소실점(Vanishing point)' 을 갖는다. 선형 투시도는 1소점, 2소점, 3소점, 그리고 다소점 투시도가 있다.

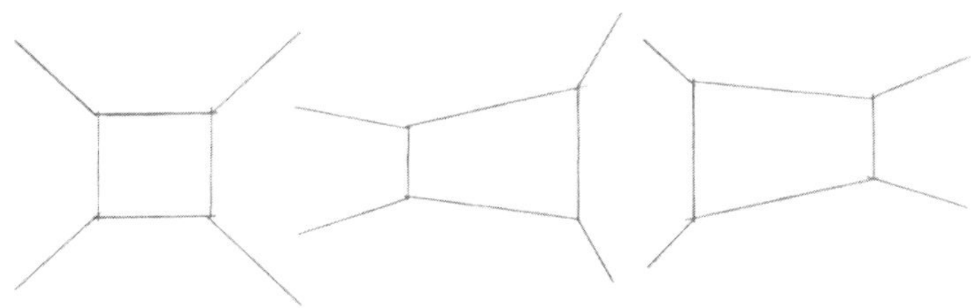

:: 평행투시 Paraline perspective

사물을 실제 모습으로 표현하여 각각의 표면은 평행으로 표현되어 특수한 각도가 아닌 평행제도의 원리에 의한 수직적인 형태로 나타낸다. 마주보는 선과 면은 수평의 형태로 표현된다.

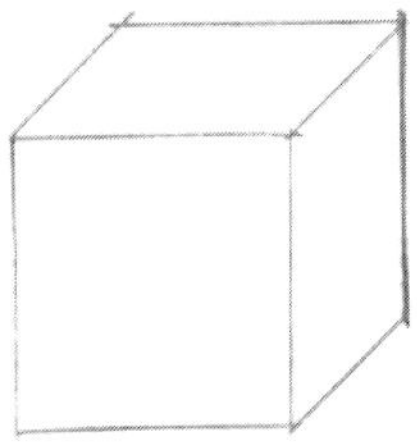

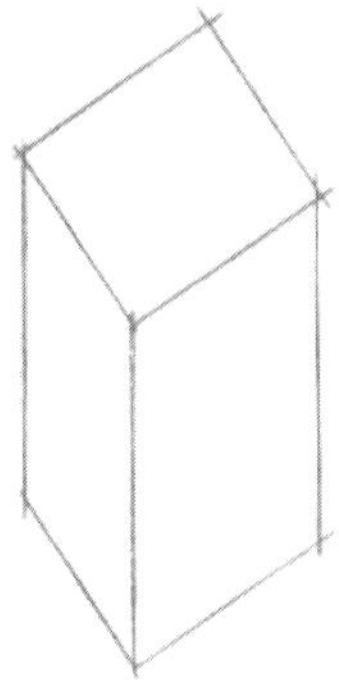

:: 직각투시 Orthographic perspective

대상물의 형태를 만들기 위한 '조립도 혹은 전개도'라 하며 하나의 대상물을 여러 그림으로 보는 방향에 따라 표현한다. 각각의 그림들을 조합하여 이해하기 위한 능력이 요구된다.

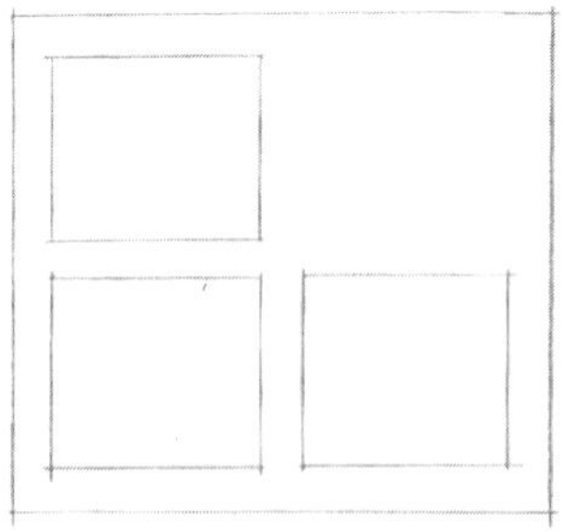

이 교재에서는 선형 투시도를 활용하여 투시도를 이해하는 것으로 구성했으며, 편리를 위하여 '선형(Linear)'을 제외한 '투시도'라 지칭한다.

:: 선형 Linear 투시도의 이해

투시도는 사람이 대상물을 투영하여 화면에 3차원의 형태를 만드는 기술로써 시야의 범위, 대상물, 화면과의 관계를 이해해야 정확한 투시도를 그릴 수 있다.

:: 시야의 범위

사람이 물체를 관찰하는 최적의 각도는 30°~60°이다.

사람의 시선은 중앙에 점을 찍고 위, 아래, 오른쪽, 왼쪽 등의 사방으로 각각 30°를 볼 경우 정확한 형태를 파악할 수 있다. 그 외의 형태는 심하게 왜곡되어 투시도로 정확하게 표현되어지기 어렵다. 우리는 사방의 형태를 볼 수 있는 각각의 30°, 즉 60°의 형태를 '콘 오브 비전(Cone of vision)'이라 하여 투시도가 바르게 보이는 범위를 표현한다. 약어로 COV로 나타낸다.

:: 심점 Center of vision

관찰자의 위치에서 중앙인 90° 각도로 보는 시야. 그 높이에서 대상물을 바라보는 방향을 결정하며 1소점 투시도에서는 소실점(Vanishing point)의 역할을 한다.

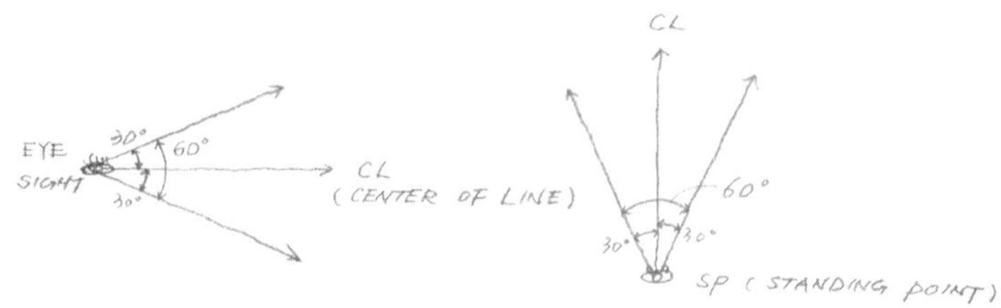

시야의 범위와 투시도의 크기는 비례하여 사람이 서 있는 장소(Standing point : SP)에서 거리가 멀어질수록 시야의 범위는 넓어지고 투시도의 크기는 커진다. 반대로 거리가 가까울수록 시야의 범위는 좁아지고 투시도의 크기는 작아진다.

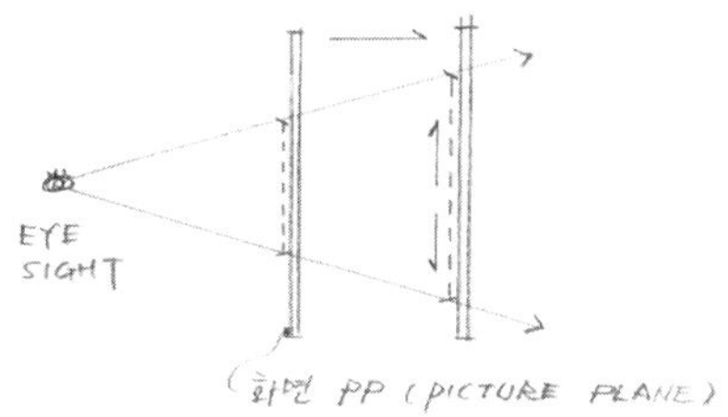

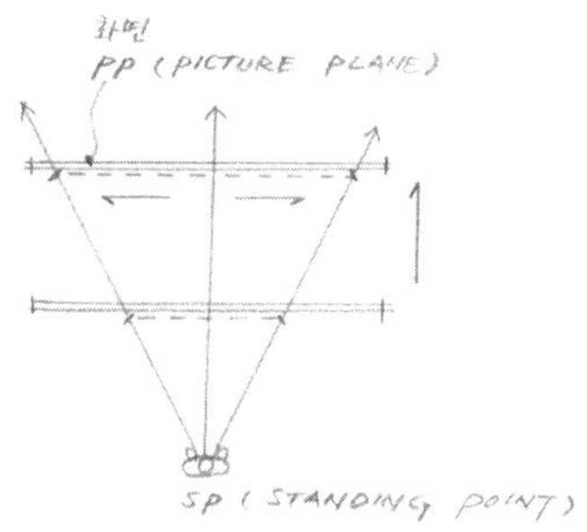

시야의 범위와 투시도의 형태에 대한 연계관계는 기초적인 투시도를 이해하는 다음 장에서 세부적으로 이해하는 것으로 하고, 이 장에서는 기본적인 확대와 형태의 개념을 이해하기 바란다.

:: 화면구성의 이해

대상물(Object) | 그리는 대상 혹은 실내 내부구성요소(가구, 조명 등)
화면(Picture plane) | 대상물이 투시되는 공간. 곧 실제로 투시도가 그려지는 화면
영사기(Projection) | 대상물을 투영하는 기계의 위치

화면구성의 이해에서 영사기(PJ), 대상물(O), 화면(PP)의 관계를 이해하면 투시도의 기본원리를 이해할 수 있다.

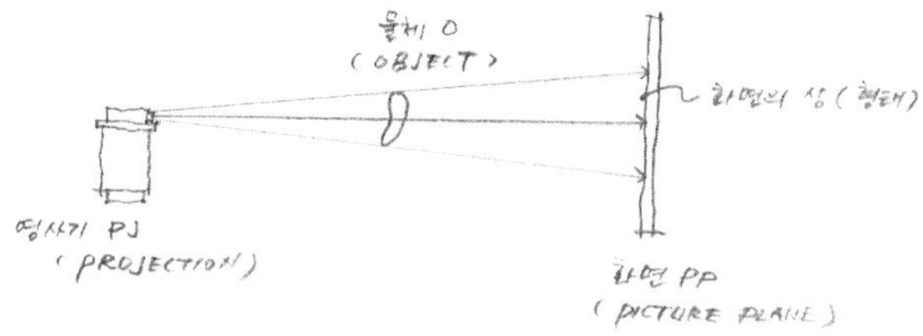

영화관 혹은 어두운 공간을 활용하여 이와 같은 실험을 할 수 있다. 영사기(PJ)에 의해 투영된 물체(O)의 그림자는 화면(PP)에 그대로 형태(像)가 나타내어진다. 영사기(PJ), 물체(O), 화면(PP)의 구성조합은 우리의 눈이 물체의 형태를 투시하여 투시도가 그려지는 화면 (PP)의 구성과 같다.

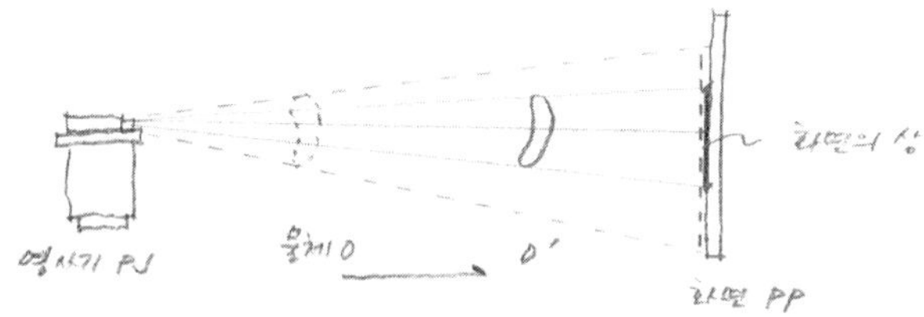

물체(O)의 위치가 전후로 움직임에 따라 화면(PP)에 만들어지는 형태(像)의 크기는 크고 작게 변화한다. 이처럼 물체의 이동에 따라 화면(PP)에 만들어지는 투시도의 크기가 변화함을 알 수 있다.

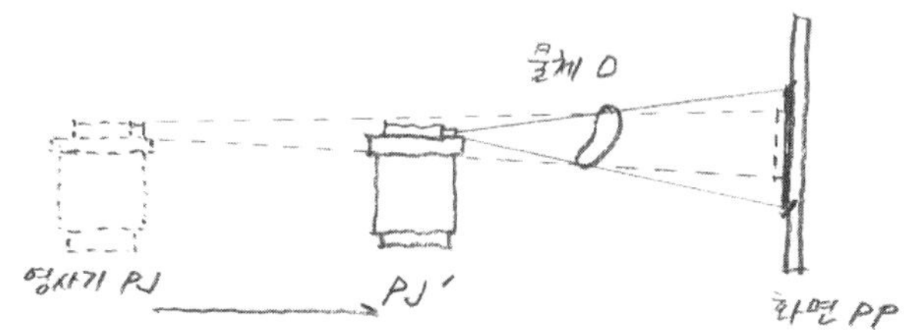

영사기(PJ)의 위치가 전후로 움직임에 따라 화면(PP)에 만들어지는 형태(像)는 그 크기가 크고 작게 변화한다. 이처럼 영사기의 이동에 따라 화면(PP)에 만들어지는 투시도의 크기도 변화함을 알 수 있다.

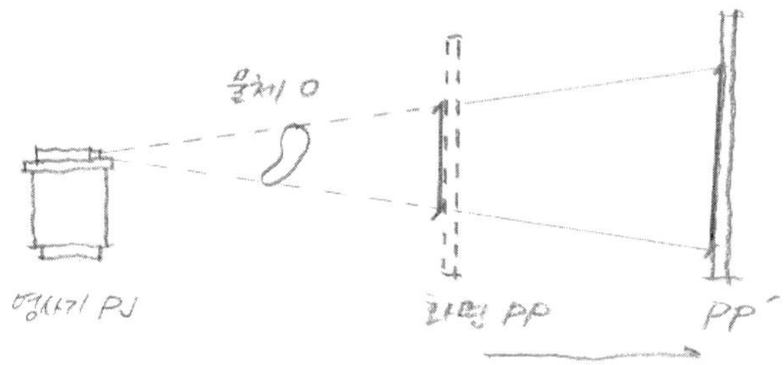

화면(PP)의 위치가 전후로 움직임에 따라 화면(PP)에 만들어지는 형태(像)는 그 크기가 크고 작게 변화함을 알 수 있다. 이처럼 화면의 이동에 따라 화면(PP)에 만들어지는 투시도의 크기도 변화함을 알 수 있다.

위에서 이해한 화면구성요소들의 연계관계에서 실제로 투시도를 그리기 위한 투영법을 이해하기 위해서 영사기(PJ) 대신 사람(SP)이 물체를 투시하여 화면에 물체의 형태가 만들어진다고 가정하자. 다음은 화면 구성요소들의 관계를 보여주는 입면과 평면의 형태이다.

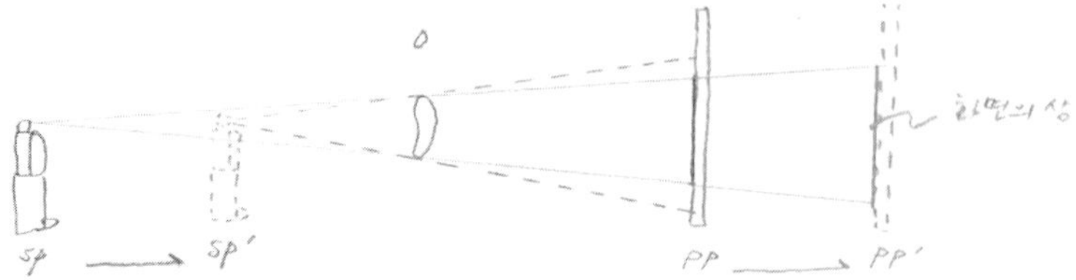

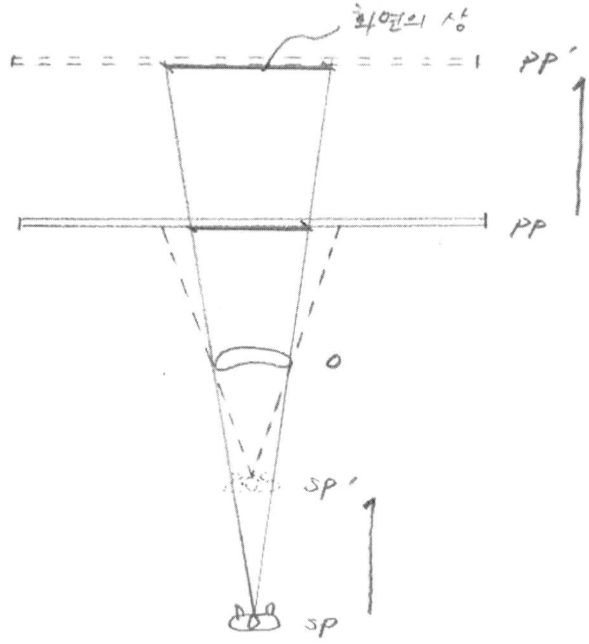

사람(SP)과 화면(PP)의 이동에 따라 고정된 물체가 화면에 투시되는 그 형태는 위치에 따라 변화함을 알 수 있다.

:: 투시도의 기본구성

화면의 구성을 이해한 후, 실제 투시도 작업을 위하여 프로젝트(PJ)를 눈으로 투영할 수 있는 사람으로 변환하여 대상물(O), 화면(PP)의 관계를 이해하여 보자.

사람(Standing point) | 대상물을 바라보는 관찰자의 위치 (=프로젝트 PJ).

화면, 즉 투시도를 그리는 공간은 투시하는 사람과 대상물의 위치와 거리에 따라 달라진다.

우선, 위에서 내려다보는 투시도의 이해를 위해서는 투시하는 사람(Standing point : SP)과 투영되는 대상물(Object : O), 그리고 투영되는 화면(Picture plane : PP)을 이해해야 한다. 다음의 그림은 사람(SP), 대상물(O), 화면(PP)의 관계를 잘 나타내고 있다.

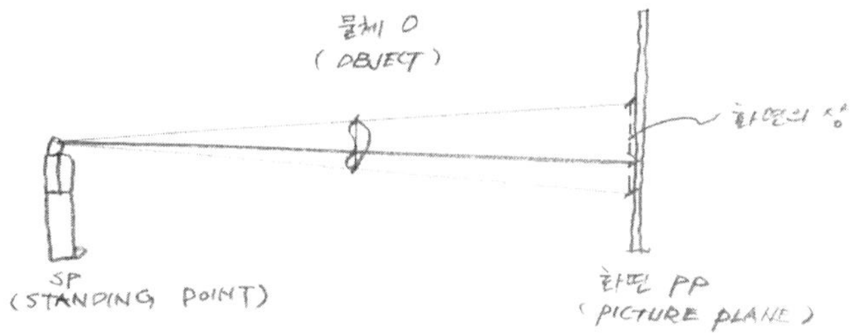

결과적으로, 우리가 나타내고자 하는 투시도의 형태는 투시하는 사람(SP)의 위치, 대상물(O)의 위치, 화면(PP)의 위치 변화에 따라 그 크기를 결정할 수 있다.

:: 투시의 기본요령

투시의 기본방법 이해를 위해 앞서 언급한 투시도의 여러 방법 중 선형 투시도법을 사용한다.

소실점(Vanishing point) | 화면상에 위치한 대상물들의 모든 선들이 만나는 곳으로, 이 현상에 의해 가까운 곳에 있는 것은 크게 보이고 먼 곳에 있는 것은 작게 보인다.

투시도에서는 모든 형태를 만드는 선(Line)들이 소실점 혹은 사라지는 점(Vanishing point :VP)으로부터 만들어진다. 모든 물체가 어떤 특정한 하나의 점으로부터 연결되어 다른 주변의 형태와 함께 비례적인 형태를 나타낸다. 1소점 투시도를 이해하기 전에 2소점 투시도를 설명하는 교재도 많지만, 이 교재에서는 화면과 투시하는 사람이 직각이 되어 이해할 수 있는 기본구조인 1소점 투시도를 활용하여 투시의 기본요령을 습득하기로 하자.

우선, 다음과 같이 사각형의 형태가 벽면 안에 위치한 평면도를 투시하여 화면상에 3차원(투시도)의 형태가 만들어진다고 가정하자.

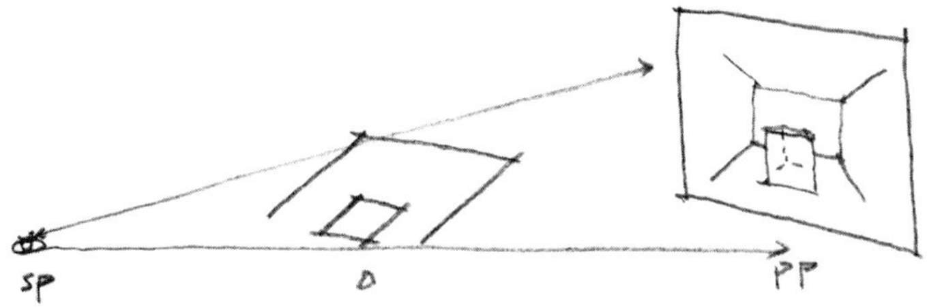

수평선(Horizontal line) | 이 선의 높이는 바닥면으로부터 사람의 눈높이. 일반적으로 수평선을 결정하는 눈높이를 사람의 시점 높이인 1500mm 정도에서 결정하나, 표현하고자 하는 방향에 따라 가장 적절한 높이를 설정할 수 있다.

지평선 혹은 바닥면(Ground level) | 사람이 서있는 바닥이며 물체를 놓는 기준면. 투시도상에서 화면과 바닥이 만나는 선.

이와 같은 형태를 투시도법이라 하며, 제도판 위에 평면도, 화면(PP), 사람(SP)의 순서로 나열해 보자.

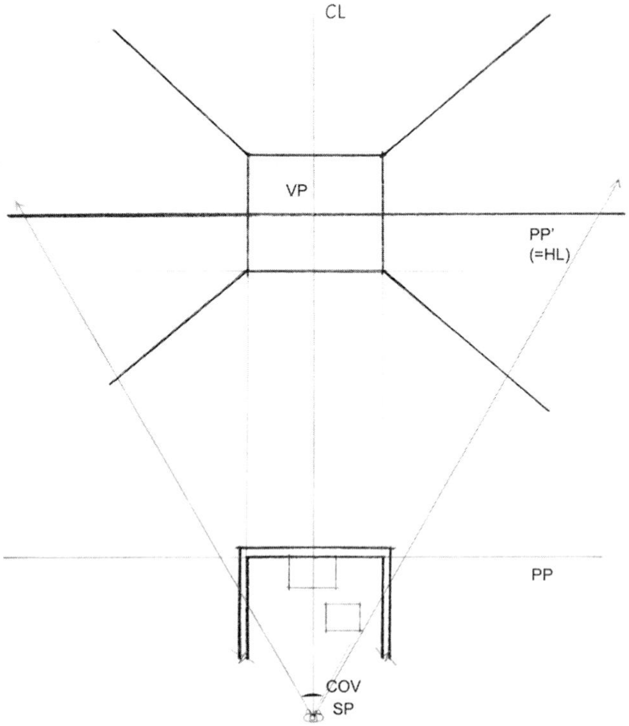

:: 그리드Grid를 이용한 간단한 투시도법

선형투시도법은 투시도에 관한 원리와 이론을 이해해야 정확한 투시도를 그릴 수 있다. 이 단원에서는 우선, 초보자들이 쉽고 빠르게 투시도를 그리 수 있는 방법을 설명하고자 한다.

그리드를 이용한 투시도법의 정확성은 선형 투시도법에 비해 약하지만, 빠른 시간 내에 계략적인 스케치 형태의 투시도를 완성하기 위해 주로 많이 사용되는 방법이다.

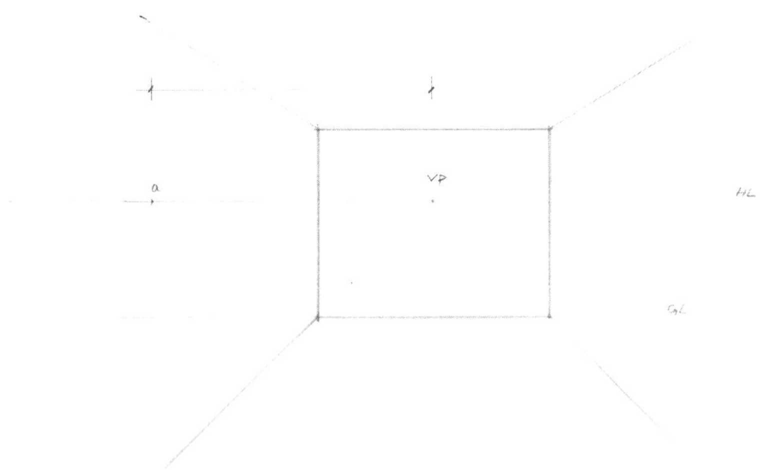

- 지평선(GL)을 그은 후 평면의 스케일을 활용하여 비례적 형태의 입면을 완성한다. 투시도상의 벽체 높이와 바닥의 너비는 스케일에 비례하여 만든다.

예 ≫ 바닥의 너비 4,000(MM), 벽체의 높이2800(MM)일 경우, 원하는 투시도의 크기를 고려하여 바닥 8,000, 높이 5,600으로 2배의 형태를 만들 수 있다.

- 지평선을 기준으로 하여 사람의 기준 눈높이(HL=1500)를 그리고 눈높이 선 위에 소실점(VP)이 위치한다. 소실점(VP)은 실내공간의 어느 각도에서 바라볼 것 인지에 대한 위치를 나타내는 점으로 반드시 눈높이 양쪽선(HL)에 위치해야 한다.
- 소실점(VP)으로부터 각 꼭지점을 연결하여 투시도의 양쪽 벽체를 완성한다.

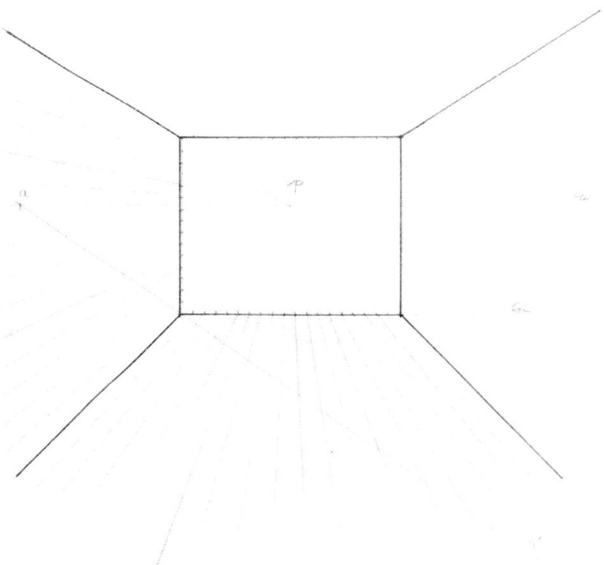

- 벽체 및 바닥 선에 단위 눈금을 스케일에 비례하여 표시한다. 일반적으로 500(MM)의 눈금을 기준으로 사용하며, 세부적 묘사, 혹은 정확성을 기하기 위해서 200(MM), 300(MM)의 눈금을 사용하기도 한다.
- 사람(SP)이 실내공간의 전면 벽체로부터 떨어질 예상거리를 설정한다. 정확한 위치의 판단이 어려우므로 계략적 위치를 설정한다.(*대부분 실내공간의 길이를 측정하여 설정하기도 한다.) 사람(SP)이 위치한 점과 소실점과의 거리를 측정한 후 눈높이선(HL)상에 좌측, 혹은 우측에 같은 거리의 점을 위치시키고 제2소실점(a)으로 한다.

---

*만일, 실내공간의 깊이보다 길게 선정된 경우 이론적으로 공간 내부를 바라보는 사람은 실내공간 밖에서 벽을 투과하여 바라보게 됨을 의미한다.

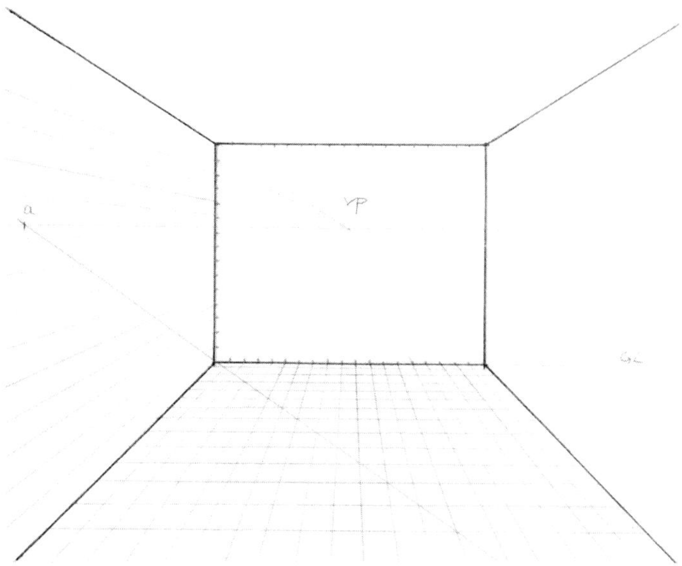

- 새로 선정한 제2소실점(a)으로부터 바닥의 한쪽 꼭지점을 통과하여 연장선을 그어보자. 이전의 소실점으로부터 그어진 연장선들과 만나는 점들이 생길 것이다. 이때, 평행자를 사용하여 각 점에서 수직으로 벽면을 따라 올리면 전체공간을 같은 크기의 형태로 분할된 그리드 형태의 공간으로 만들 수 있다.
- 그리드의 형태가 완성되면, 새로운 트레이싱 페이퍼를 위에 놓고 실제 공간의 형태를 디자인 해보자. 그리드의 비례적 치수를 고려하여 창호, 문, 가구, 소품 등 실내 구성요소들을 그려보자.

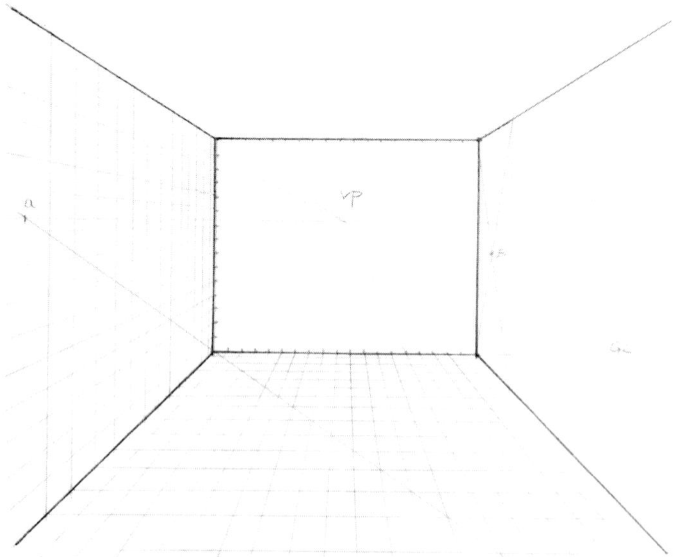

다음의 투시도는 눈높이 위치에서 소실점을 자유로이 지정하여 바닥의 그리드와 형태의 비례를 고려한 기술적인(Technical) 투시도의 예시이다

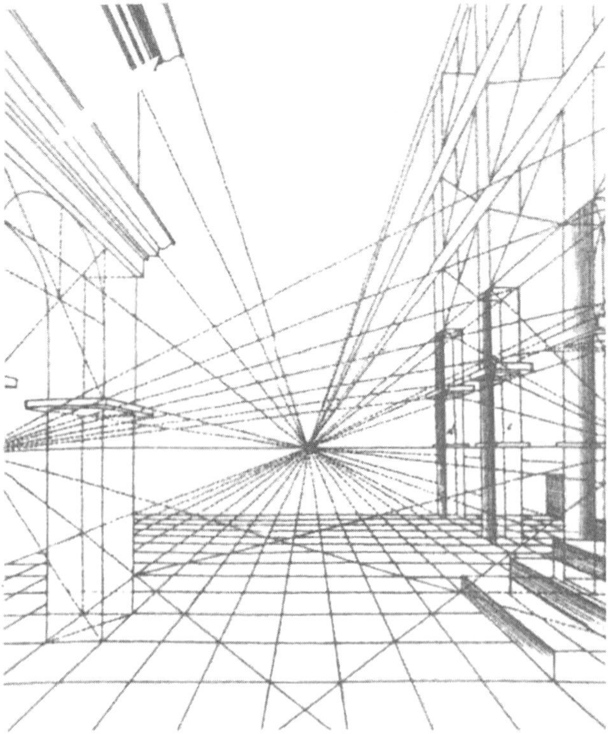

다음은 그리드를 밑에 놓고 그 위에 개략적으로 스케치한 형태이다. 각각의 형태들의 비례와 위치는 정확하지는 않지만 전체 디자인의 방향이나 컨셉을 설명하기에 좋은 형태이다.

투시도 따라하기

:: 1소점 투시도

평면의 스케일을 활용한 1소점 투시도법

앞에서 설명한 시야의 범위, 화면의 구성, 투시의 기본방법에 관한 이해를 통해 투시도의 기본적인 원리를 이해할 수 있다.

본 단원에서는 실제 단계별 연습과 훈련을 통하여 투시도를 그려 보기로 하자. 우선 스케일(크기)의 변화가 없는 기본 투시도를 학습한 후 투시도의 크기를 자유로이 확대할 수 있는 확대 투시도를 그려보자.

투시도가 보이는 형태의 범위(크기)는 사람의 시야와 동일하며, 시야의 범위를 통하여 투시도의 형태를 설정할 수 있다. 다음은 시야의 범위와 투시도의 형태와의 관계를 나타낸다.

투시도의 원리는 '사람이 보는 시야' 혹은 '영사기를 통하여 물체를 투시하는 원리'와 매우 흡사하여 그 원리를 이해하면 투시도의 원리를 쉽게 이해 할 수 있다.

투시도를 이해하기 위하여 영사기(Projection)가 물체의 표면을 투시하여 화면에 구성하는 형태를 이해하자.

앞에서 다룬 영사기(PJ)의 원리를 투시도의 원리와 비교하면, 영사기(PJ)는 사람(SP)으로, 사물(O)은 형태를 3차원으로 표현하고자 하는 평면도의 형태라 할 수 있다.

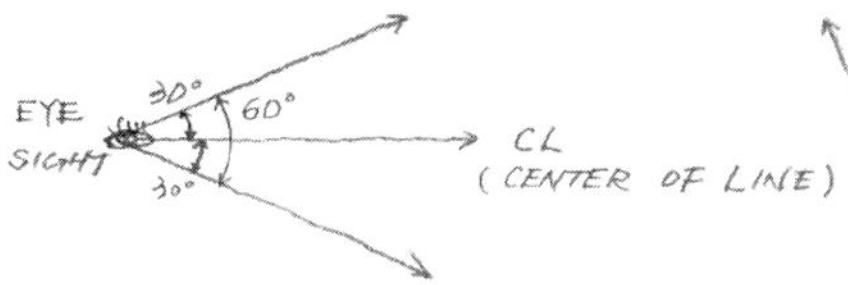

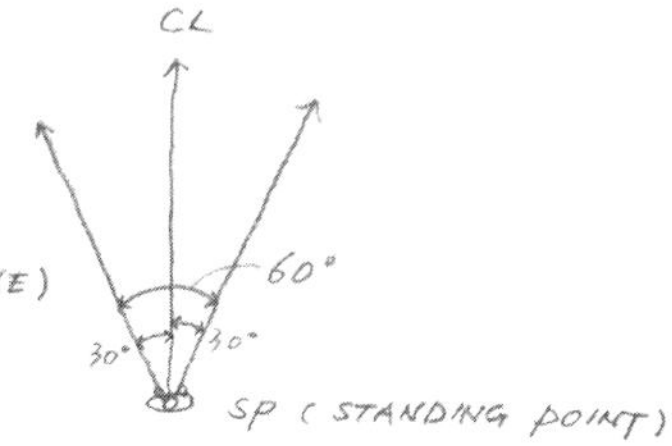

사람(SP) | 'Standing point'(사람이 서있는 위치)라 하며 평면공간의 내부를 투시하여 공간 내부를 바라보는 위치의 점.

시야의 범위(COV) | 'Cone of vision'이라 하며 사람이 내부공간을 볼 수 있는 시야의 각도(60°)로 상하 좌우의 각 점들을 연결 할 경우, 원형의 형태를 그릴 수 있다.

중심선(CL) | 사람이 바라보는 직선의 시선을 말하며, 화면(PP)과 90°의 각을 이룬다.

먼저 SP의 점에서 중심선(CL)을 그리고 사람의 시야 범위를 나타내는 COV(60°)의 양쪽 선을 긋는다.

*COV(60°)의 선은 30° 60° 형태의 삼각자를 활용하면 쉽게 그릴 수 있다.

사람이 서서 공간의 내부를 바라보는 형태로 평면은 사람의 앞부분에 위치한다. 영사기의 원리와 같이 평면(물체 ; O)을 투시하여 구성할 화면(PP)을 벽체 내부에 연장하여 긋는다. 이처럼 사람이 내부평면을 투시하여 화면상에 재구성하는 방식이다.

화면(PP)을 이동하여 화면'(PP')을 평면도와 거리를 유지하여 새롭게 그려준다.

---

*스케일(치수)을 정확히 알 수 있는 평면의 내벽에 화면(PP)을 일치시킨 후 투시도를 그리고자 하는 위치에 기존 화면(PP)을 이동하여 위치시키고 화면' (PP')로 한다.

화면'(PP')로 이동하는 이유는 기존 화면(PP)에 투시도를 그릴 경우 평면과 겹쳐지므로 평면과 일정한 거리를 두고 투시도를 그리기 위함이다.

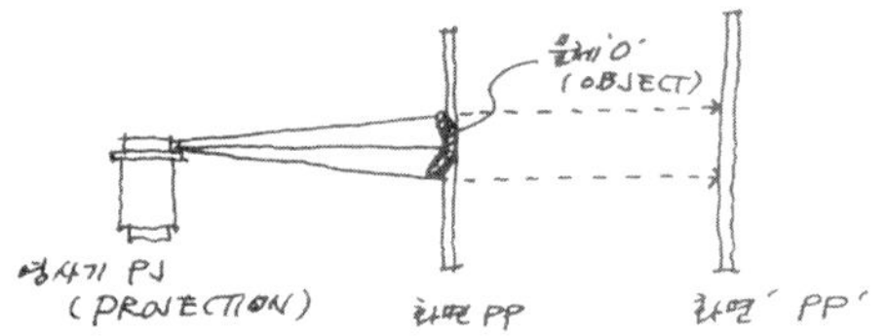

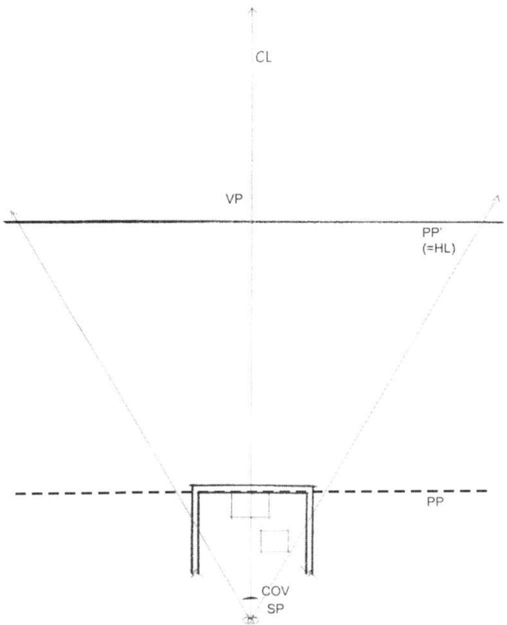

평면의 내부 양쪽 벽면을 연장하여 투시도의 크기를 결정하고 벽면의 높이는 평면의 스케일(예)1/50일 경우)을 활용하여 천장의 높이를 결정한다. 화면'(PP')를 눈높이로 보고 PP'로부터 아래로 1500mm 위치하는 곳에 바닥선을 긋는다.

실제 공간의 높이를 3000mm로 간주하고 아래로 1500mm(눈높이= HL : Height level)를 제외한 나머지 1500mm를 눈높이 위로 설정하여 천장선을 긋는다.

시야의 중심선(CL)과 화면(PP')이 만나는 점을 소실점(VP)이라 한다.

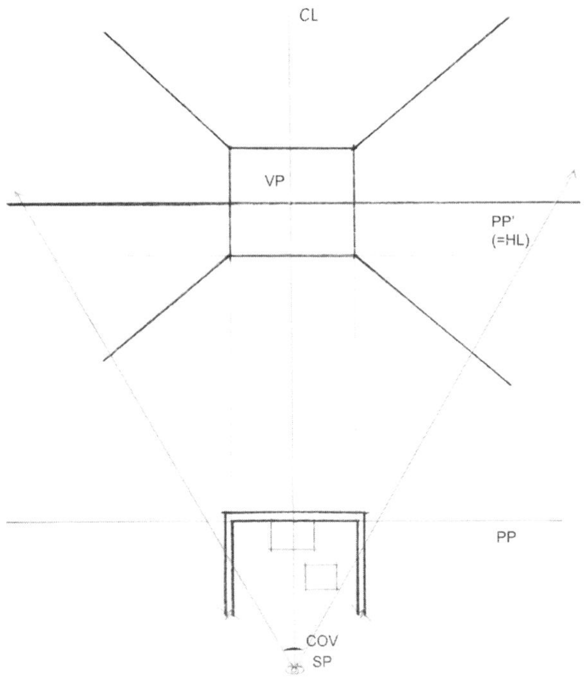

*__소실점__(VP) | 사람 시야의 중심선과 화면(PP)이 수직으로 만나는 점. 공간 내부 벽체를 포함한 모든 물체는 이 점에서 시작하며, 이 점의 위치에 따라 보이는 내부공간의 각도가 변한다.

평면 위의 사각형을 투시도에 표현하기 위해서는 스케일(치수)을 알 수 있는 내부 벽체의 연장선인 화면(PP)에 모든 물체의 점들을 투시하면 된다. 다시 말해서, 화면(PP)에 위치한 점만이 투시도에 곧바로 그려질 수 있기 때문에, 벽으로부터 떨어져 있는 점들은 다음 그림과 같이 스케일(치수)을 알 수 있는 벽체에 연장선을 그려 벽으로부터 떨어져 있는 위치를 찾아야 한다.

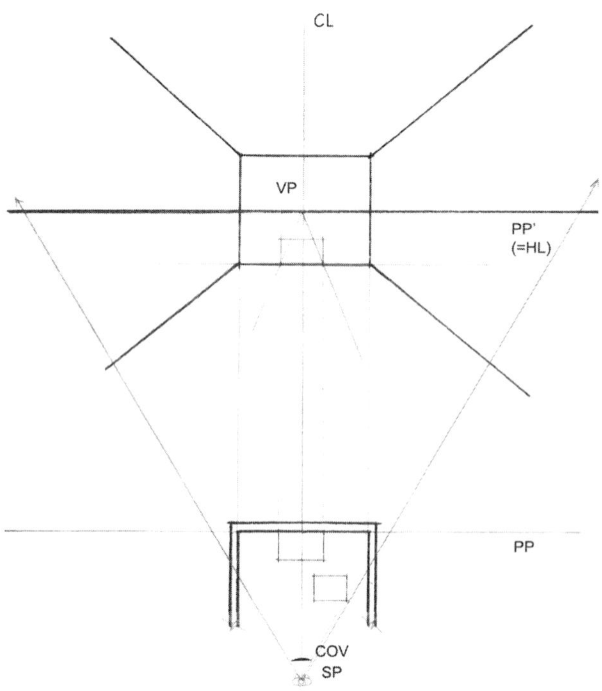

이와 같이 벽체에 점의 연장선을 그려 벽으로부터 정육면체가 위치한 점을 찾을 수 있다.

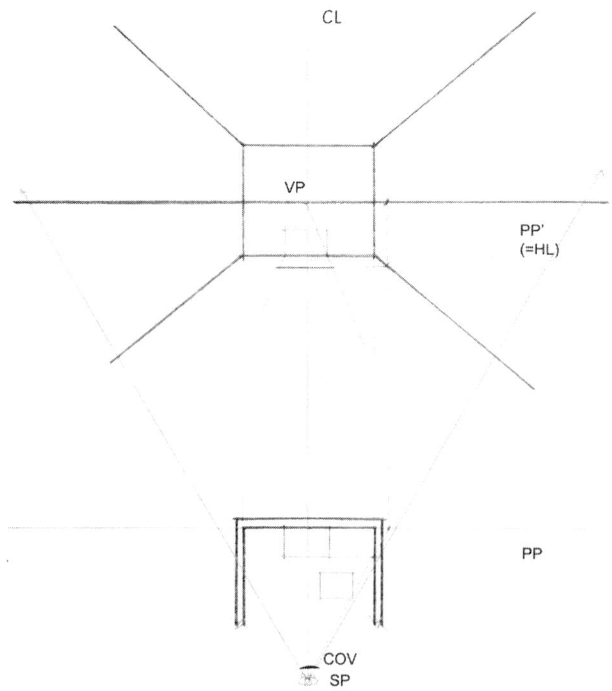

소실점(VP)으로부터 그어진 연장선들과 투시도에 위치한 점들을 연결하고 육면체의 실제 높이(평면 스케일을 활용한 실제높이)를 결정하여 소실점을 활용한 연장선을 긋는다. 연장선을 그은 후 육면체의 윤곽선을 그려보자.

두 번째 육면체는 모든 점들이 벽체로부터 떨어져 있기 때문에 우측 벽면에 기존 점으로부터 연장선을 그려 투시도상에서 점들의 위치를 찾아야 한다.

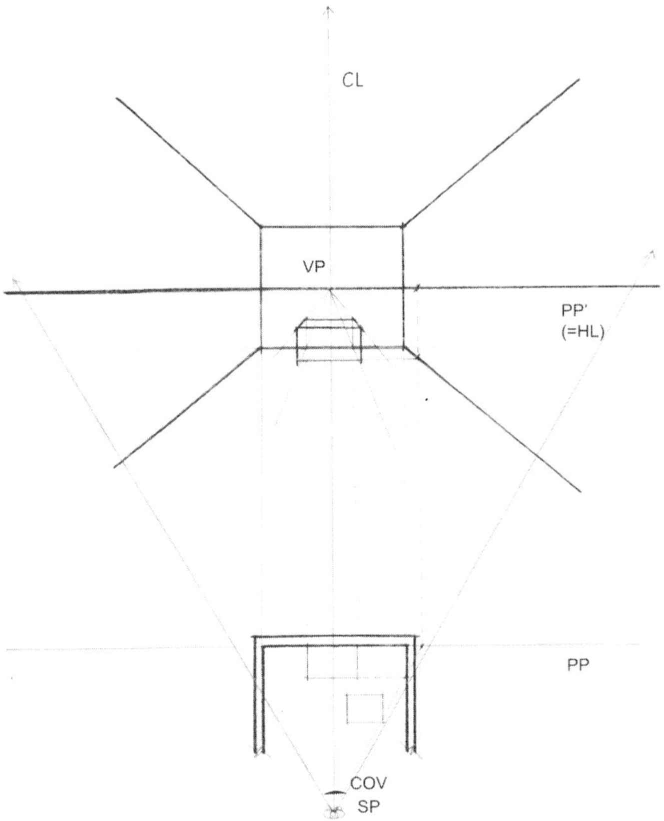

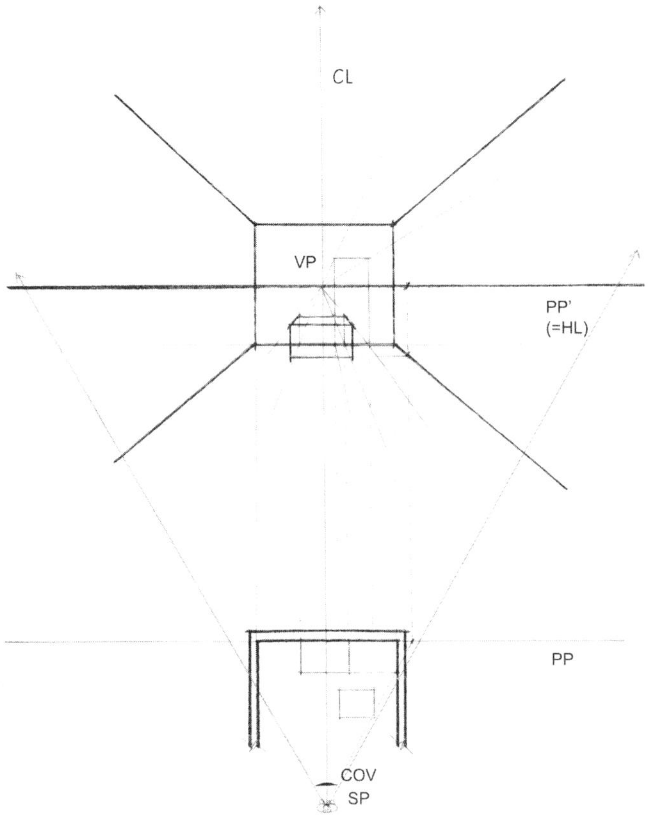

이처럼 벽으로 연장된 모든 점들은 SP로부터 화면(PP)까지 연장선을 그려 화면'(PP')로 모든 점들을 옮겨서 대입한다.

수평자를 활용하여 점들의 연장선을 그리면 투시도의 바닥에 사각형의 모습이 나타난다.

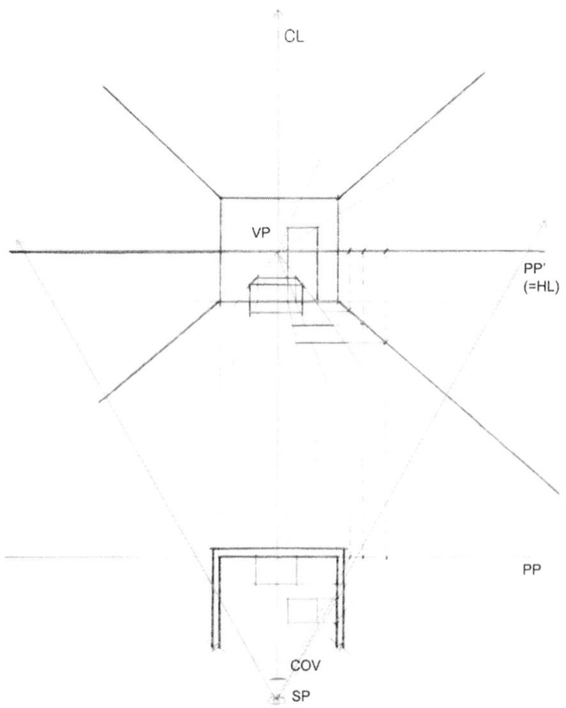

이전의 육면체 높이를 찾은 방식으로, 치수를 알 수 있는 입면에서 실제 높이의 치수를 표시한 후 소실점(VP)을 활용하여 연장선을 그어 높이를 찾는다.

같은 방법으로 소실점을 활용하여 모든 점들을 연결한 후 윤곽선을 그어 보자.

이처럼 투시도의 형태는 평면의 형태에 기초한다.

간단한 형태의 평면을 연습하여 여러 가지 형태의 사각형들을 그려보자. 천장의 형태나 벽체의 다양한 형태도 기본 투시도의 연습을 통하여 충분히 가능하다. 암기하려 하지 말고 각각의 단계를 이해한다면, 어떠한 복잡한 형태의 투시도도 가능하다.

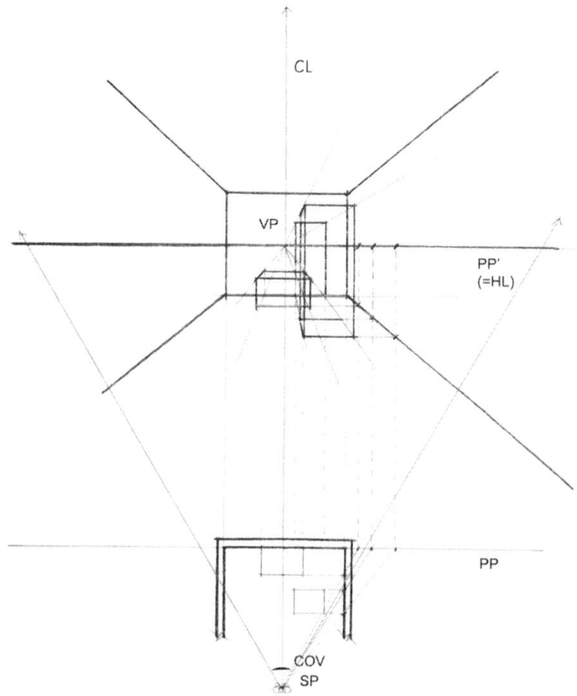

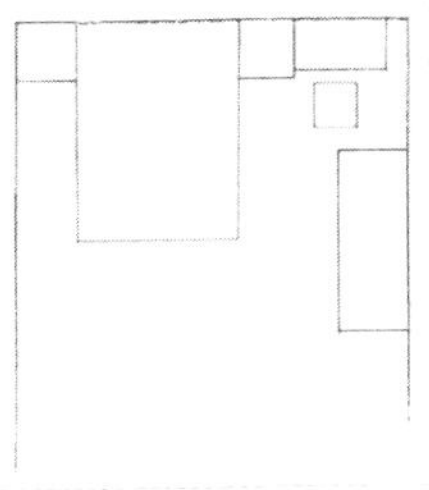

예제1 다양한 크기의 사각형을 평면상에 위치하여 1소점 투시도를 그려보자. 좌측에 보이는 침대, 화장대, 옷장이 함께 있는 침실의 공간을 만들어 보자

*주의) 모든 물체는 소실점에서 형태가 시작되며, 스케일(치수)을 확인할 수 있는 벽체의 점들을 제외하고, 벽으로부터 떨어진 점들은 치수를 확인할 수 있는 벽체까지 연장선을 그려서 점들의 위치를 찾아야 한다.

1소점 투시도의 크기를 조절하는 투시도법

이전의 1소점 기본 투시도법은 평면의 스케일(크기)에 한정되어 있어서 투시도의 크기를 조절하기가 어렵다. 그러나 실제 원하는 크기를 위하여 화면을 뒤로 이동할 경우 투시도의 크기 조절이 가능하지만 종이를 이동시키거나 평면도 혹은 화면을 이동시켜야 하는 번거로움이 있다. 다음의 그림을 보면 화면과 투시도의 비례관계에 의한 투시도 확대 이론이며 그 원리를 쉽게 이해할 수 있다.

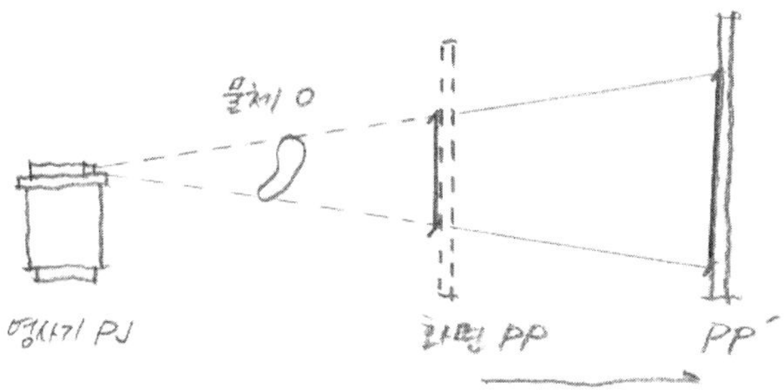

화면(PP)의 위치가 전후로 움직임에 따라 화면(PP)에 만들어지는 형태(像)는 그 크기가 크고 작게 변화함을 알 수 있다. 이처럼 화면의 이동에 따라 화면(PP)에 만들어지는 투시도의 크기도 변화함을 알 수 있다.

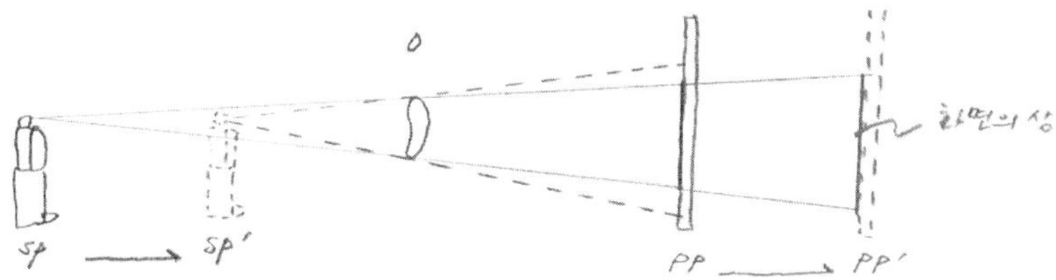

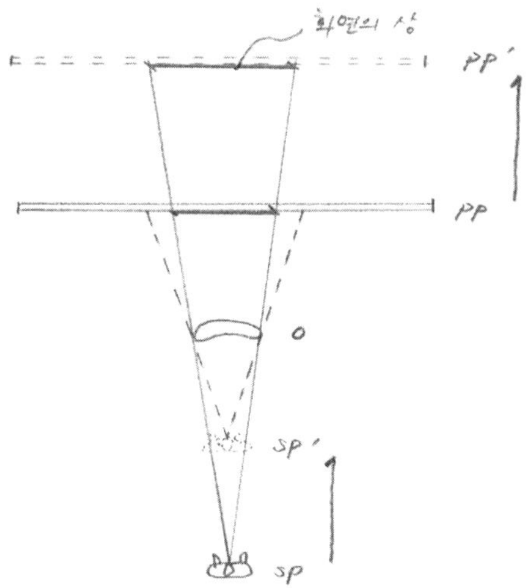

사람(SP)과 화면(PP)의 이동위치에 따라 고정된 물체가 화면에 투시되는 그 형태는 위치에 따라 변화함을 알 수 있다.

앞에서 설명한 것처럼 확대 투시도는 기본 투시도법과 다르게 기존 벽체에 위치한 화면을 평면과 거리를 두어 새로이 배치한 방법에 있어서 차이가 있다.

먼저 SP의 점에서 중심선(CL)을 그리고 사람의 시야범위를 나타내는 COV(60°)의 양쪽 선을 긋는다.

사람이 서서 공간의 내부를 바라보는 형태로 평면을 사람의 앞부분에 위치시킨다. 영사기의 원리와 같이 평면(물체 혹은 O)을 투시하여 구성할 화면(PP)을 만든다. 화면(PP)의 위치는 투시도의 크기를 고려하여 평면도와 일정한 간격을 두고 위치시킨다. 우선, 평면도의 벽체를 연장하여 기본 투시도의 형태를 만들어 준다.

---

*확대 투시도의 경우, 투시도가 확대될 경우 각 형태의 비례를 통해 그 세부 크기를 알 수 있기 때문에 스케일의 기본지침이 될 수 있도록 기존 평면의 벽체를 연장하여 그대로 재현시킨다. 기본적으로 확대되지 않은 기존 벽체와 확대시킨 두 개의 벽체가 함께 만들어짐을 알 수 있다.

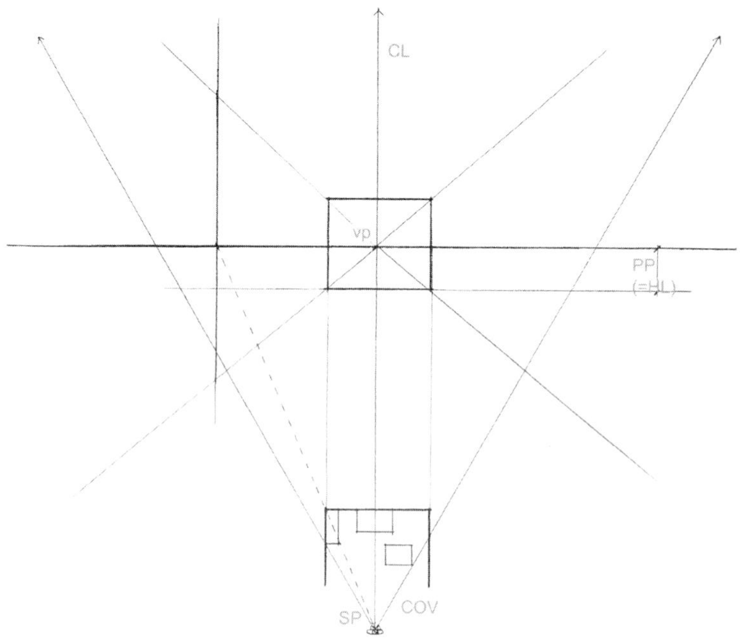

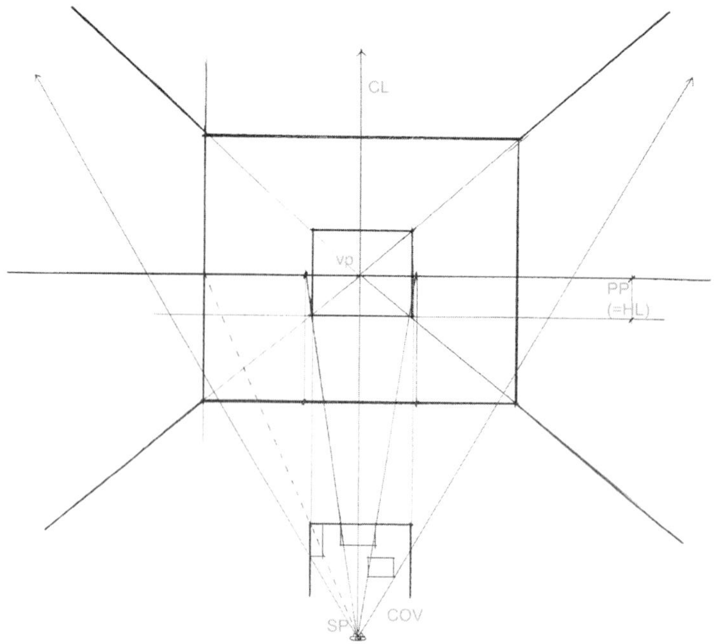

평면도 위의 각 점들을 화면 위에 확대시켜 대입하면 된다. 다시 말해서, 평면상의 각 점들을 투시하여 화면(PP) 위에 대입시키면 된다.

시야의 중심선(CL)과 화면(PP)이 만나는 점을 소실점(VP)이라 한다.

벽면의 높이는 평면의 스케일(예)1/50일 경우)을 활용하여 천장의 높이를 결정한다. 화면(PP)을 눈높이(THL)로 보고 PP로부터 아래로 1500mm 위치하는 곳에 바닥선을 긋는다.

실제 공간의 높이를 3000mm로 간주하고 아래로 1500mm(=눈높이, HL : Height level)를 제외한 나머지 1500mm를 눈높이 위로 설정하여 천장선을 긋는다. 확대시킨 벽체의 경우, 소실점을 활용하여 각각의 모서리 점을 연장하면 된다.

평면 위 정가운데 위치한 사각형을 화면 위에 만들어 보자. 우선 벽체에 위치한 두 점을 그대로 확대하여 투시하면 된다. 그러나 그 외의 두 점은 그대로 투시할 수 없다(이전 기본 투시도법 참조).

평면 위의 사각형을 투시도에 표현하기 위해서는 스케일(치수)을 알 수 있는 내부 벽체에 연장선을 그린 후, 화면(PP)에 모든 물체의 점들을 투시하면 된다.

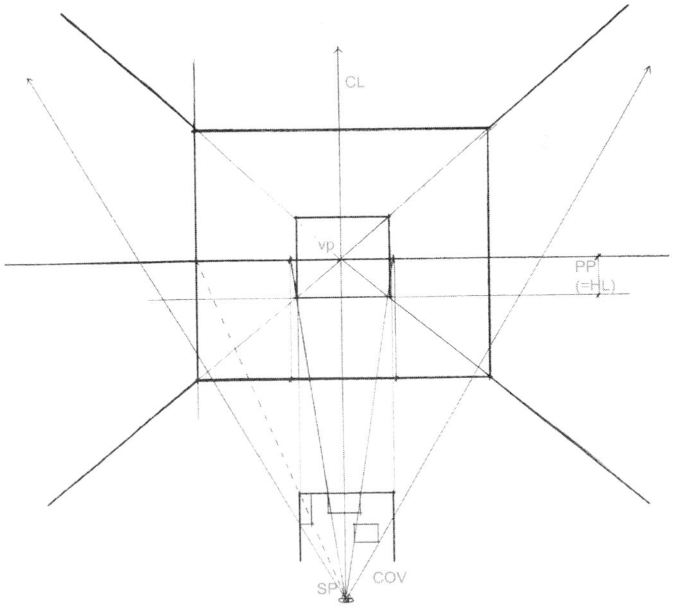

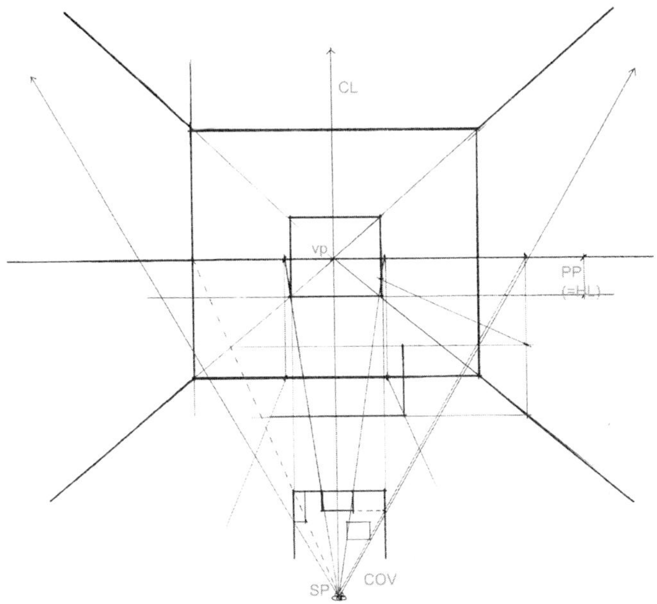

다시 말해서, 평면상의 벽체에 위치한 점만이 투시도에 곧바로 그려질 수 있기 때문에, 벽으로부터 떨어져 있는 점들은 스케일(치수)을 알 수 있는 벽체에 연장선을 그려 벽으로부터 떨어져 있는 위치를 찾아야 한다. 단, 화면에 찍은 모든 점들은 확대시킨 벽체의 바닥선까지 선을 내려 주어야 한다.

이와 같이 벽체에 점의 연장선을 그린 후, 벽으로부터 정육면체가 위치한 점을 찾을 수 있다.

소실점(VP)으로부터 그어진 연장선들과 투시도에 위치한 점들을 연결하고 육면체의 실제 높이를 결정하여 소실점을 활용한 연장선을 긋는다. 연장선을 그은 후 육면체의 윤곽선을 그려보자.

두 번째 육면체는 각각의 다른 벽체에 위치한 점들을 연장시키면 벽체에 떨어져 있는 점의 위치를 찾을 수 있다.

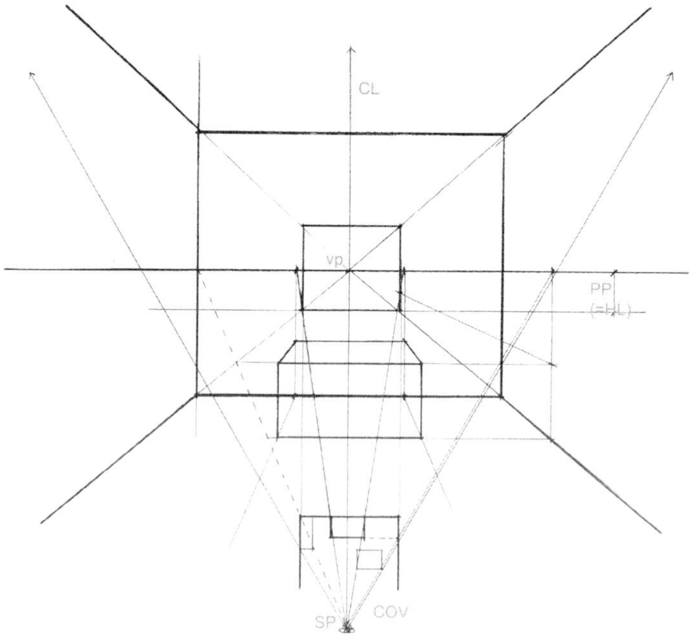

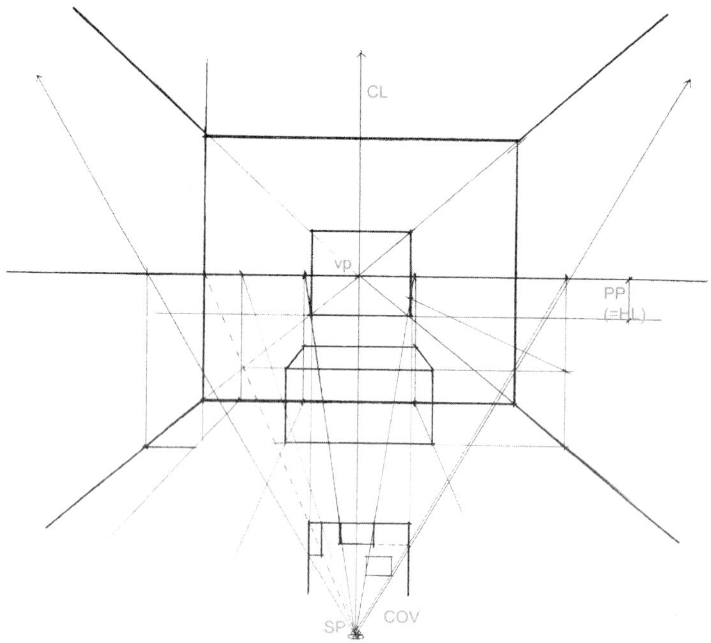

이처럼 벽으로 연장된 모든 점들은 SP로부터 화면(PP)까지 확대하여 각각의 점들을 대입시킨다.

수평자를 활용하여 점들의 연장선을 그으면 투시도의 바닥에 사각형의 모습이 나타난다.

이전의 육면체 높이를 찾은 방식으로 치수를 알 수 있는 기존 형태의 입면에서 실제 높이의 치수를 표시한 후 소실점(VP)을 활용하여 연장선을 그어 높이를 찾는다.

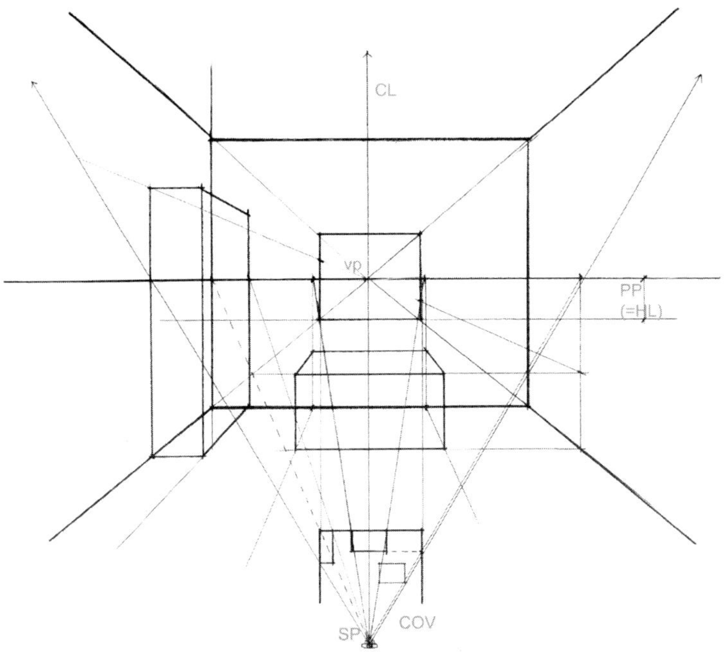

같은 방법으로 소실점을 활용하여 모든 점들을 연결한 후 윤곽선을 그어보자.

이전과 동일한 방법으로 벽체에 연장선을 각각 만든 후 입체적인 형태를 만들어보자.

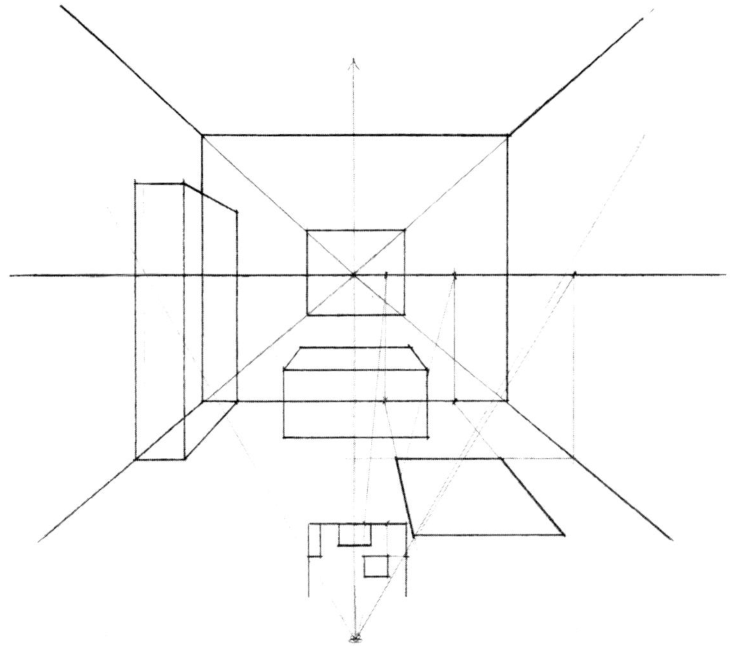

실제의 높이를 찾기 위해서는 확대하기 이전 벽면으로부터 치수를 구한 후 확대 투시도로 연장을 해야 한다(확대 투시도는 스케일로 치수를 구할 수 없기 때문이다.).

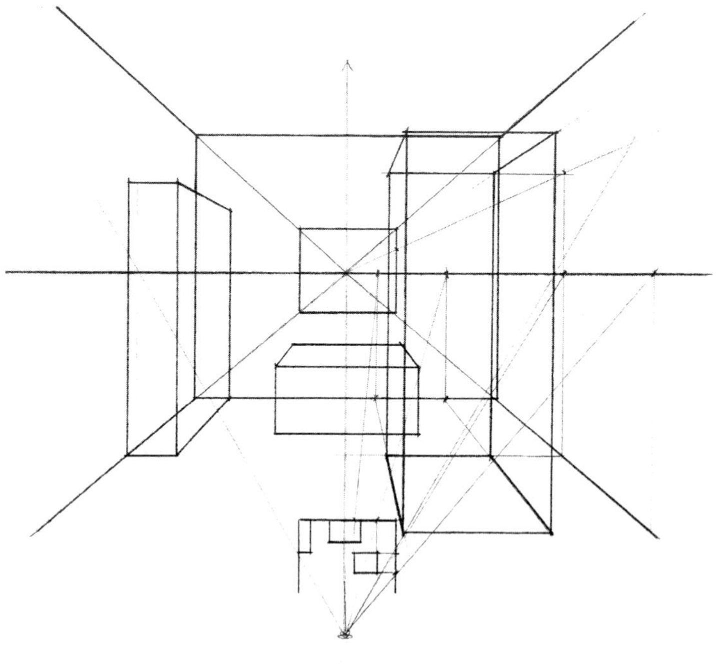

바닥의 재료를 정사각형의 타일로 가정하자. 평면에 그리드를 그린 후, 이전의 투시방법으로 각각을 대입시켜 보자.

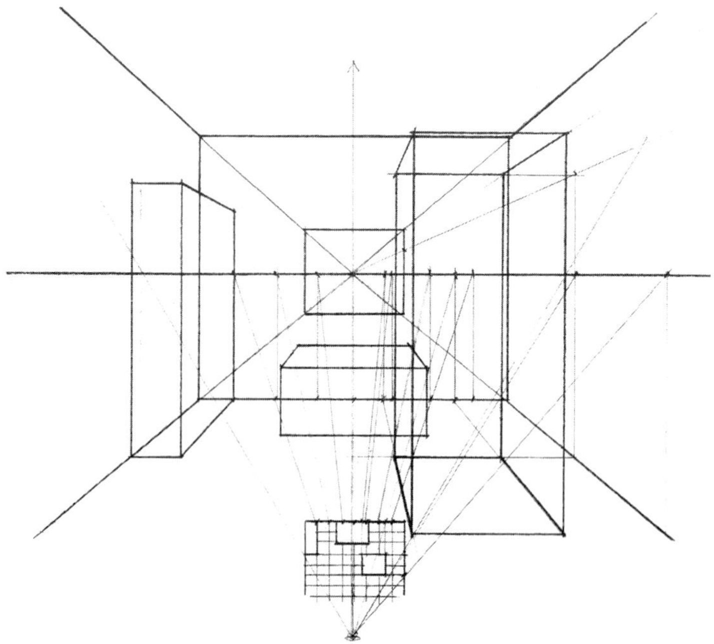

각 타일이 정사각형임을 고려하여, 하나하나씩 대입하는 대신에 SP에서 소실점(VP)까지와 동일하게 화면(PP)에서 점을 찾은 후 사선을 그으면 타일의 형태를 만들 수 있다.

이 방법 외에도 모든 점들을 전부 투시하여 연결하는 방법이 있다.

평면 위에 점선으로 천장의 형태를 디자인한 후, 투시도를 만들어 보자. 이전의 방법과 같이 모든 화면위에 있는 점들을 투시도 위에 있는 천정으로 이동하면 된다.

---

*많은 선으로 복잡할 경우 작업 중인 형태 위에 새로운 트레이싱 페이퍼를 놓고 작업하면 쉽게 형태들을 파악할 수 있다.

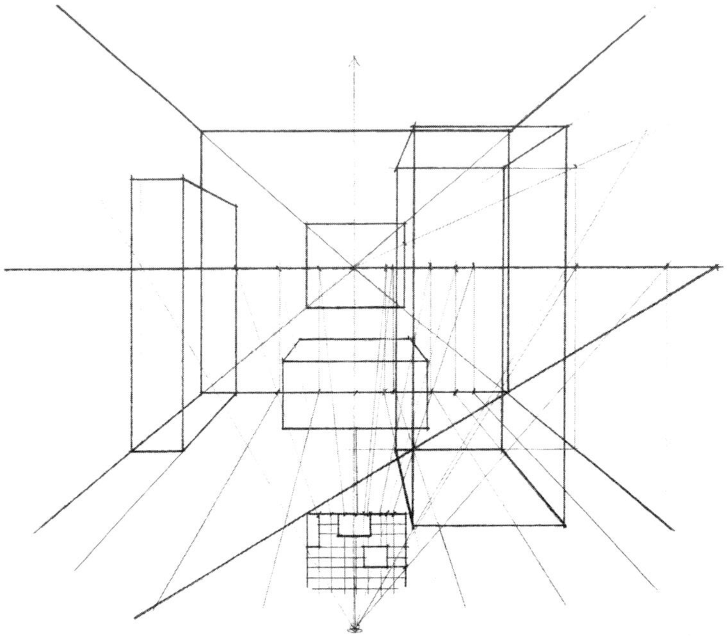

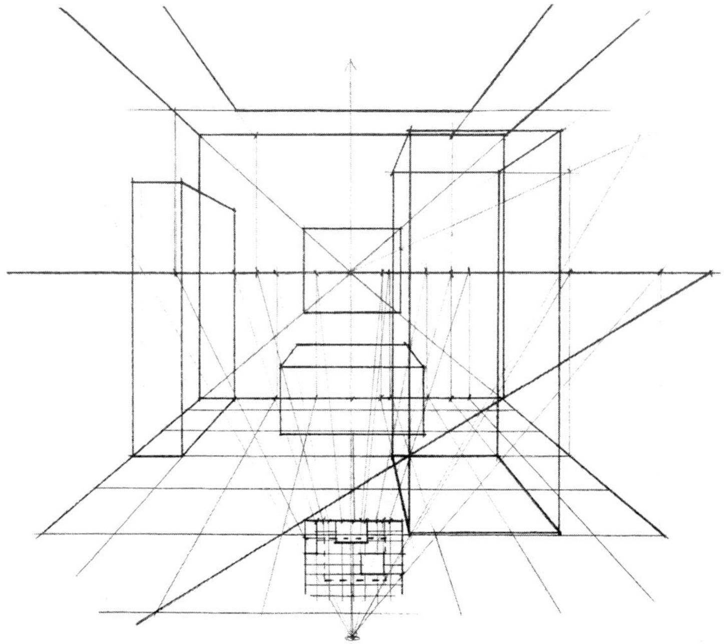

이것을 완성하면 다음의 형태가 만들어진다.

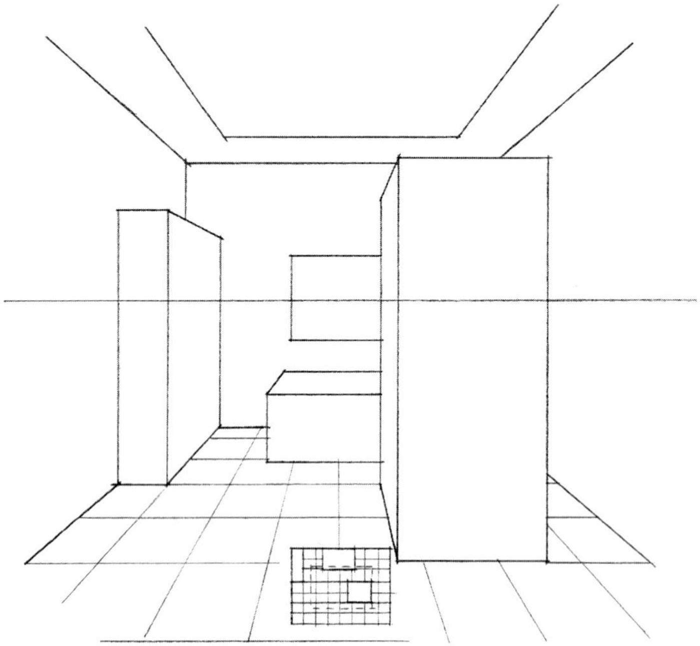

:: 2소점 투시도

2소점 투시도의 크기를 조절하는 확대투시도법

2소점 투시도는 1소점 투시도와 다르게 소점(VP)이 2개일 경우를 말하며, 모든 벽체와 물체가 양쪽의 두 소실점에 의해 만들어진다. 아래의 평면을 보면 2소점 투시도임을 알 수 있는데, 공간내 2개의 벽체가 시야의 중심선(CL)과 수직(90°)이 아닌 다른 2개의 각을 형성하고 있다. 여기에서 우리는 소점과 시야의 중심선(CL)과의 관계를 이해할 수 있다.

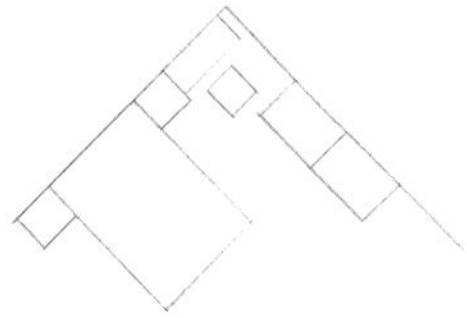

우선 평면을 제도판의 하단 가운데 부분에 위치하고 투시도를 상단부분에 그려보자.

먼저, SP의 점에서 중심선 (CL)을 그리고 1소점과 다르게 평면의 모서리 부분을 SP의 앞부분에 위치시킨다.

SP의 위치에서 사람의 시야범위를 나타내는 COV(60°)의 양쪽 선을 긋는다.

사람이 서서 실제 내부의 공간을 볼 경우 COV(60°)의 두 선 사이에 위치한 형태만을 볼 수 있다.

공간 내부의 벽체가 사람이 보는 시야(CL)와 수직(90°)의 형태를 벗어나면 각각의 벽체는 별도의 새로운 소실점을 만든다.

이전에 말한 것처럼 평면상의 두 벽체가 각각 2개의 소실점을 가지게 되는데, 여기에서 우리는 각각 평면상의 두 벽체와 수평한 두 방향의 선을 SP로부터 만들 수 있다.

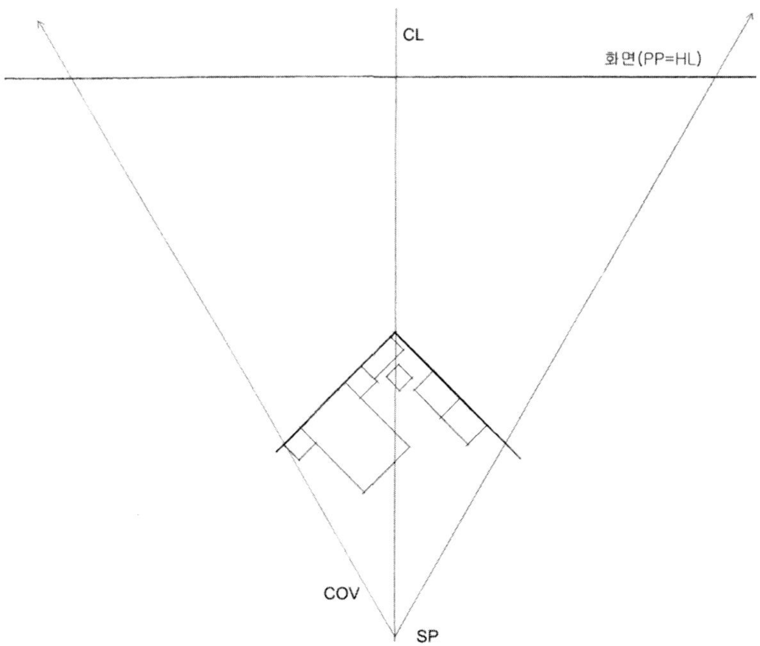

화면에 위치한 새로운 SP로부터의 2점 소실점1)2)를 만든다. 다시 말하면, 사람(SP)의 시야와 두 벽체가 수평을 이룰 경우 새로운 소실점이 만들어짐을 알 수 있다.

평면위의 스케일(치수)을 확대한 투시도 위에 대입하기 위해서는 확대 투시도 위에 실제 크기의 높이를 알 수 있는 치수선을 넣어야 한다. 이러한 치수선을 실제의 치수선(THL)이라 한다.

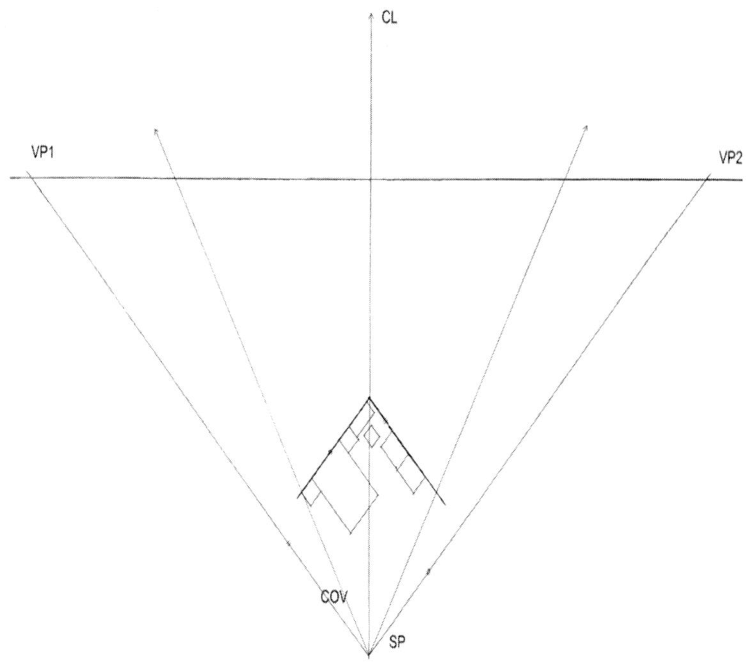

실제의 치수선(THL, True height line) | 2소점 투시도상에서 실제의 치수를 찾기 위한 방법이며, 이 치수선은 벽체의 연장선과 화면(PP)이 만나는 점에 위치한다.

쉽게 이해하기 위해 위의 그림 중 화면'(PP')에 붙어있는 평면을 평면 벽체의 연장선을 그린 후 화면(PP)으로 이동시켰을 경우를 생각하면 이해하기 쉽다.

평면상의 실제 스케일을 활용하여 높이(예: 3000일 경우)의 치수를 화면(PP=눈높이) 아래로 1500 그리고 나머지 치수는 화면 위로 연장하면 된다.

소실점1(VP1)로부터 THL을 지나 벽체의 코너점을 통과시켜 보자. 반대편의 다른 소실점2(VP2)로부터 벽체까지 선을 연장할 경우 투시도상에 양쪽에 두 개의 벽체가 만들어짐을 알 수 있다.

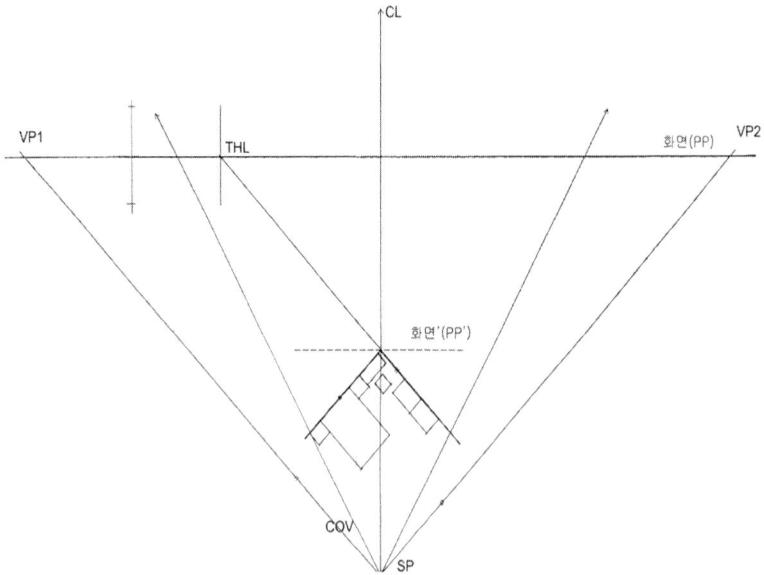

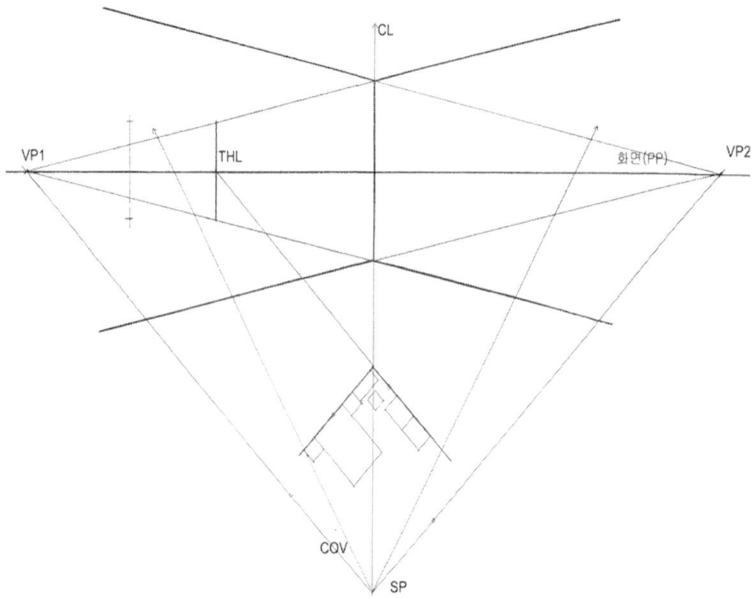

2소점 투시도의 경우 양쪽에 소실점 2개가 존재하기 때문에 양쪽의 공간을 많이 필요로 한다. 따라서 지금부터는 양쪽 소실점의 형태를 생략하여 전체화면의 크기를 확대한 후에 자세하게 형태를 이해해 보자.

투시하는 방법과 화면(PP)에 대입하는 방법은 1소점 투시도와 유사하다. 단, 양쪽에 위치하는 2개의 소점에 의해서 모든 형태들이 만들어지는 점이 1소점과 다르다.

1소점에서는 수직, 수평선과 소실점으로부터 연장선이 사용되어지는 반면, 2소점은 좌우측의 소실점들을 사용하면 된다.

벽체를 만든 방법과 동일하게 사각형의 형태들을 화면(PP=HL) 위에 투시하여 투시도를 완성하면 된다.

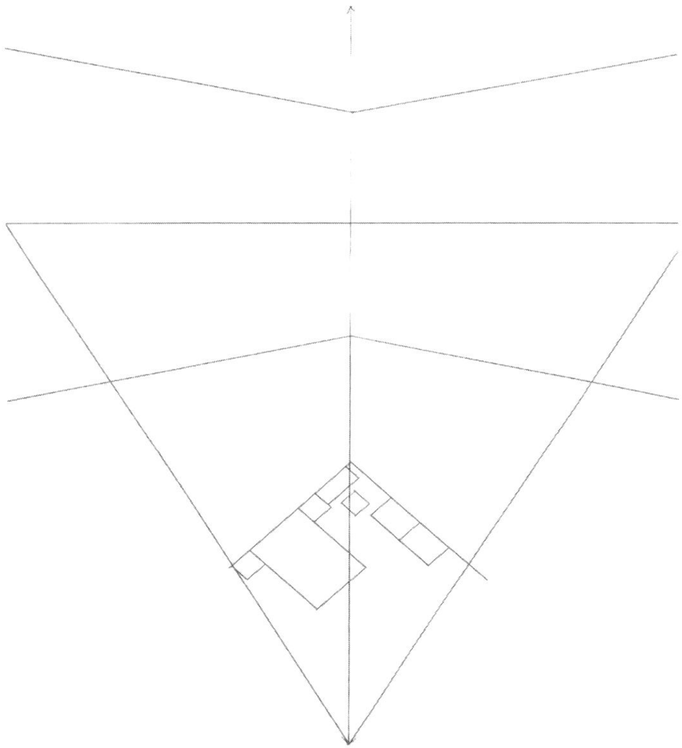

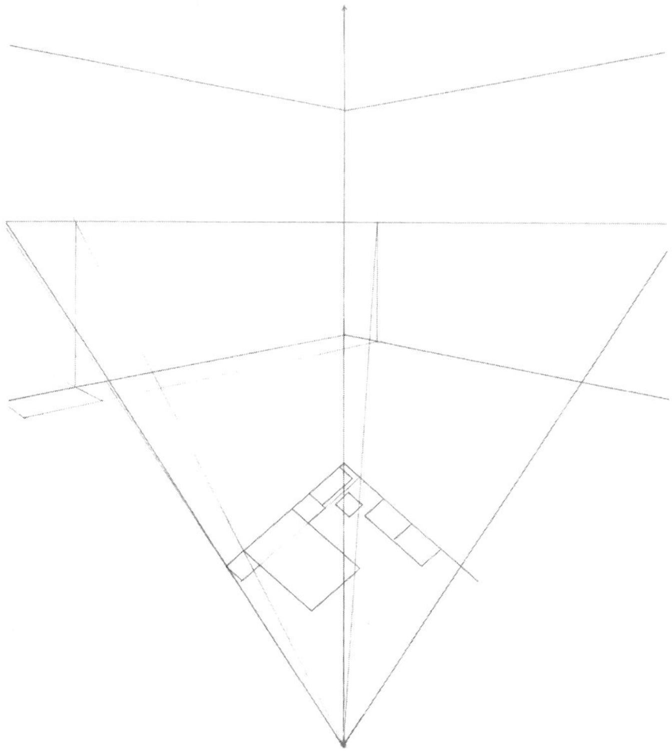

투시도에 위치한 물체의 높이를 만들 경우 실제의 높이(THL)로부터 치수를 실측한 후 연장하면 된다. 이때 우측의 물체일 경우, 연장만 하면 가능하지만, 좌측의 물체일 경우는 벽체 코너까지 연장선을 만든 후, 반대편 벽체로 선을 연장해 주어야 한다. 이 물체를 높이 H500으로 가정하자.

*주의) 1소점 투시도와 마찬가지로 벽체로부터 떨어진 점은 직접적인 투시가 불가능하며, 평면선상에서 벽체에 연장선을 그어 화면(PP)에 투시하여야 한다.

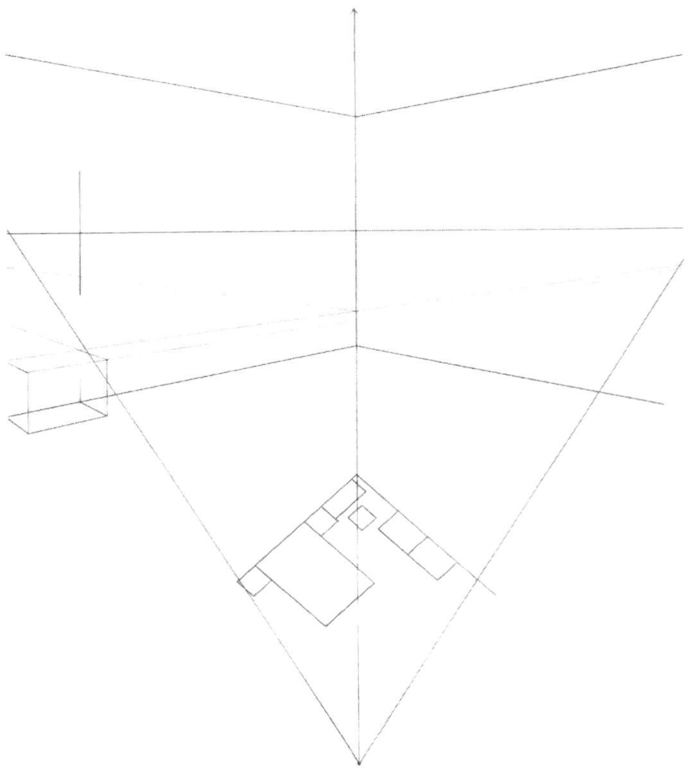

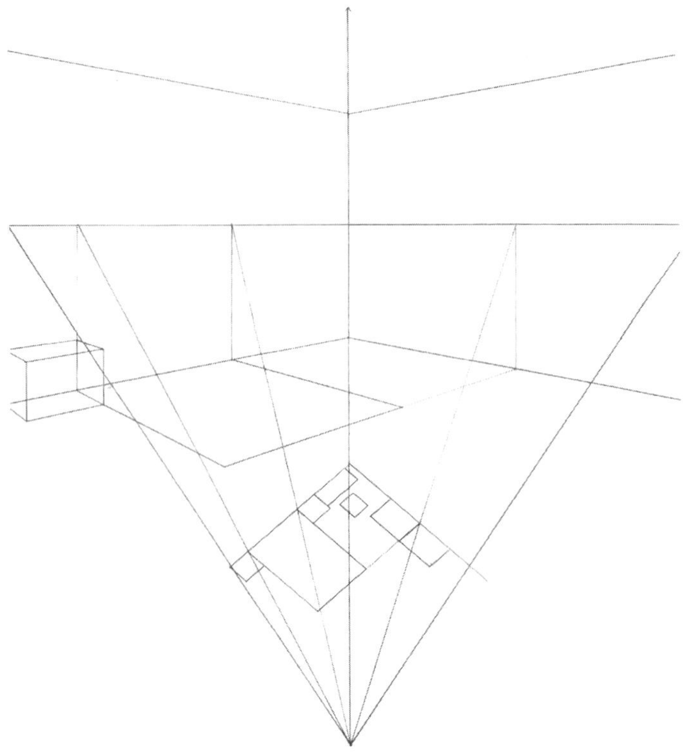

큰 사각형의 높이를 H400으로 하고 실제의 높이선(THL)으로부터 실측한 후 연장해 보자.

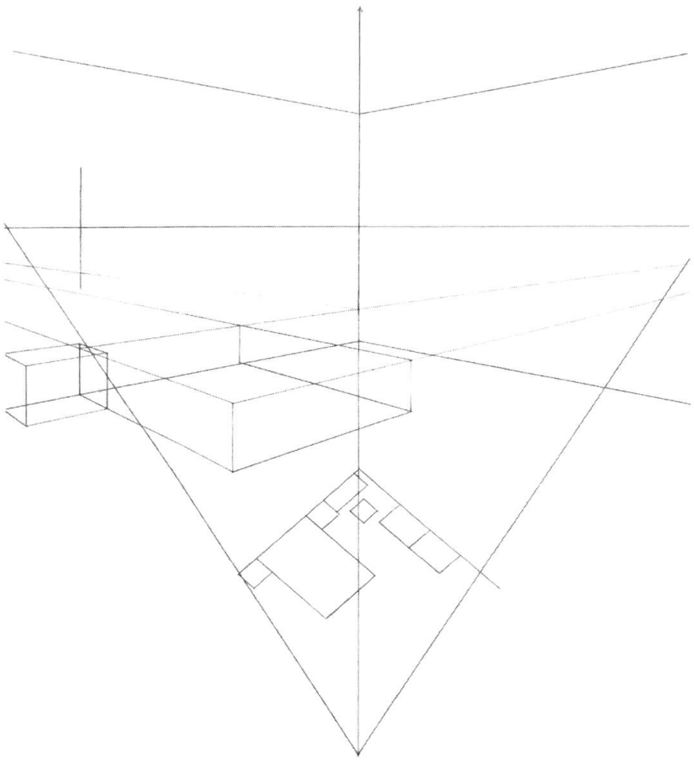

같은 방법으로 작은 사각형과 긴 직육면체를 만들어 보자. 여기에서 큰 사각형과 양쪽의 작은 사각형은 각각 서랍장(H480)과 침대(H450)의 형태이며 우측의 직육면체는 화장대(H750)와 의자이다.

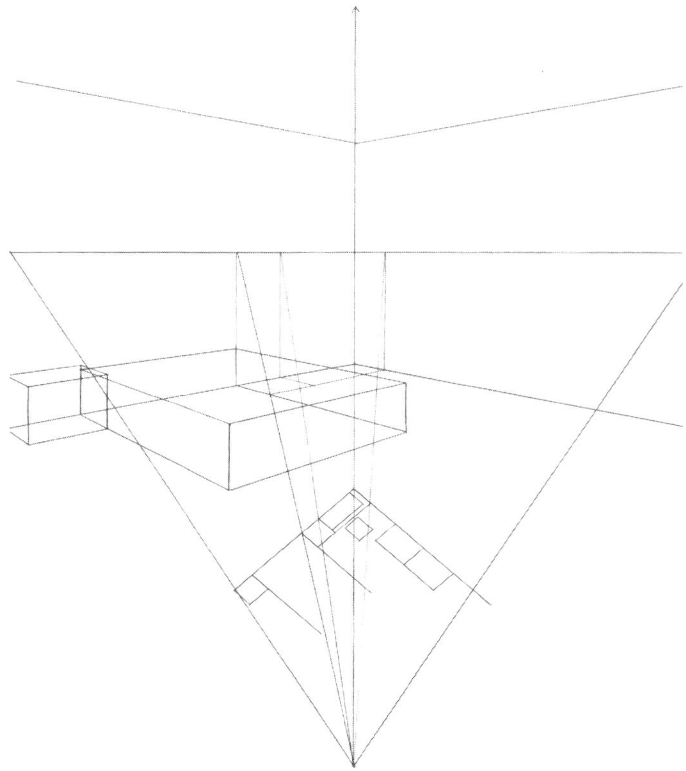

침대와 서랍장을 만든 후 우측에 위치한 옷장(H2100)을 만들어 보자.

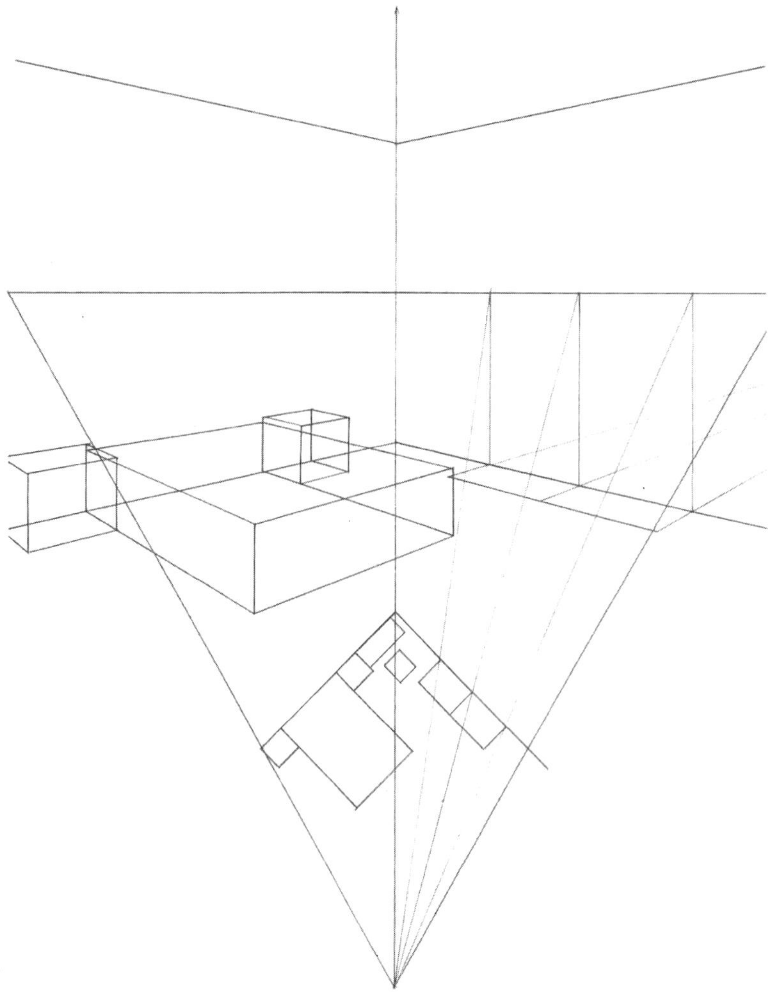

옷장의 높이를 눈높이(THL)로부터 실측한 후 소실점1(VP1)으로부터 연장선을 그어 투시한 점과 만나는 수직선을 찾아보자.

*많은 선으로 복잡할 경우 작업 중인 형태 위에 새로운 트레이싱 페이퍼를 놓고 작업하면 쉽게 형태들을 파악할 수 있다.

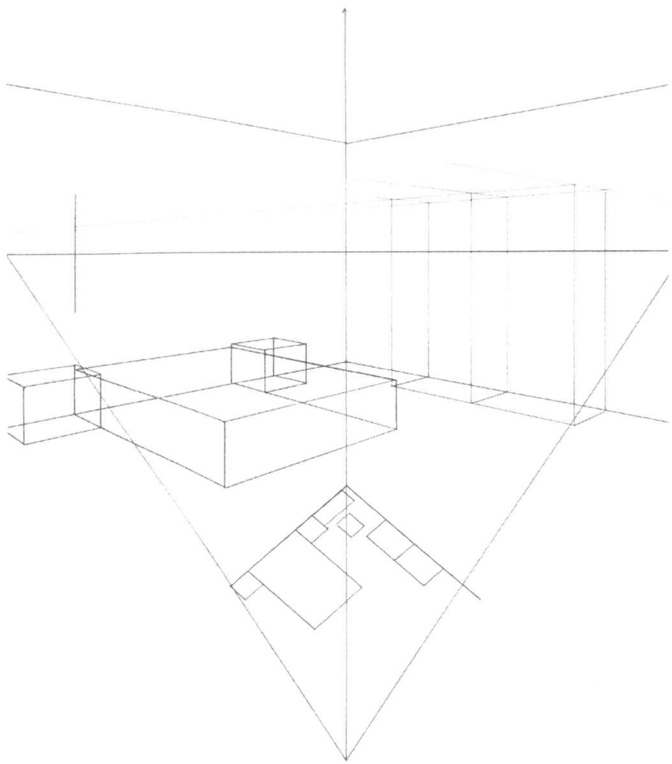

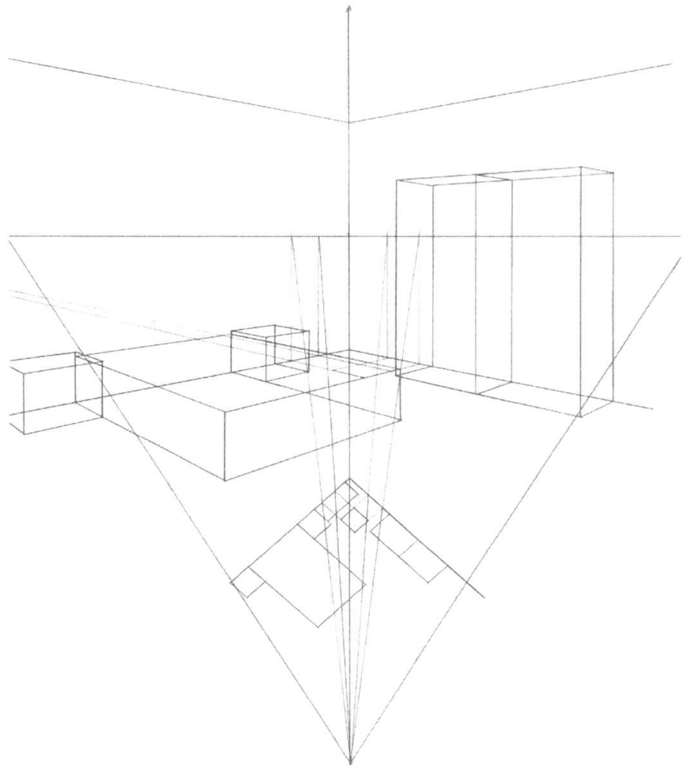

이와 마찬가지로 화장대와 의자를 만들 수 있다.

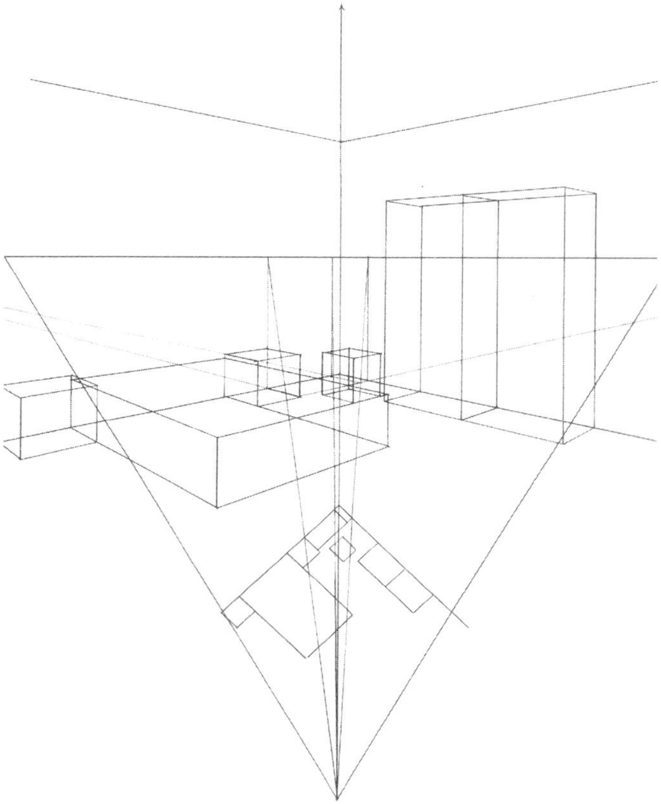

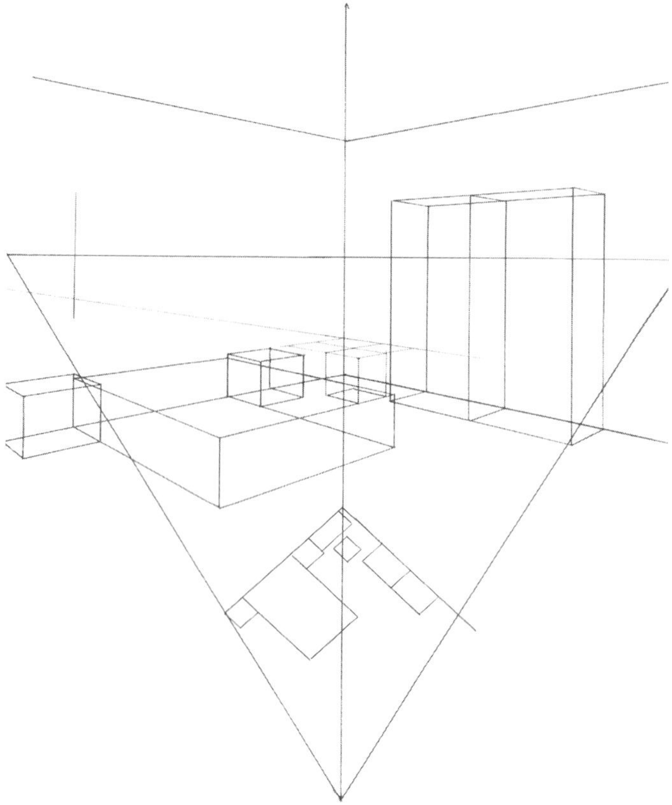

이처럼 2소점 투시도는 사선적(Dynamic)인 공간을 양쪽의 소실점을 활용하여 내부구성요소를 균형 있게 표현할 수 있어서 정적인 1소점 투시도와는 달리 다양한 상업공간과 특수공간을 표현하는데 많은 이점이 있다.

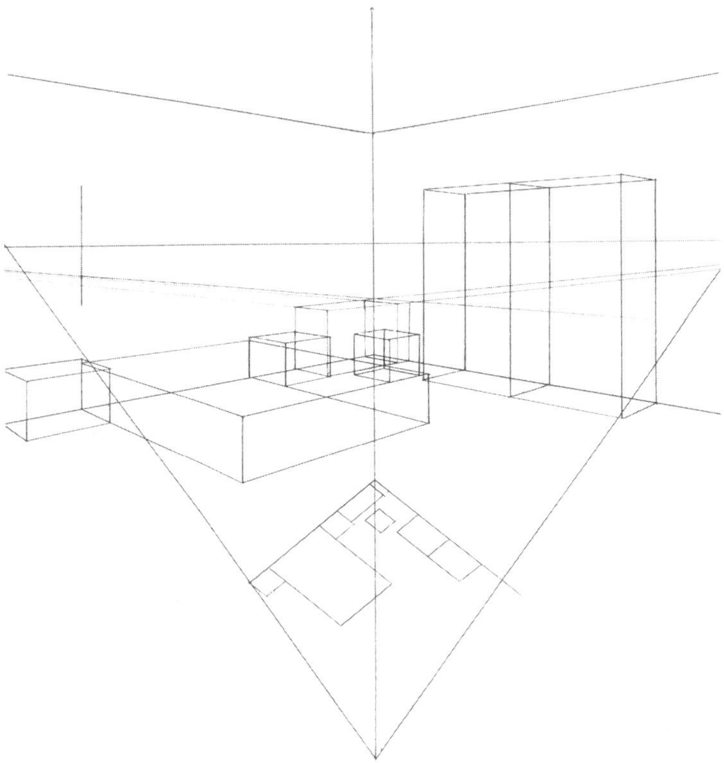

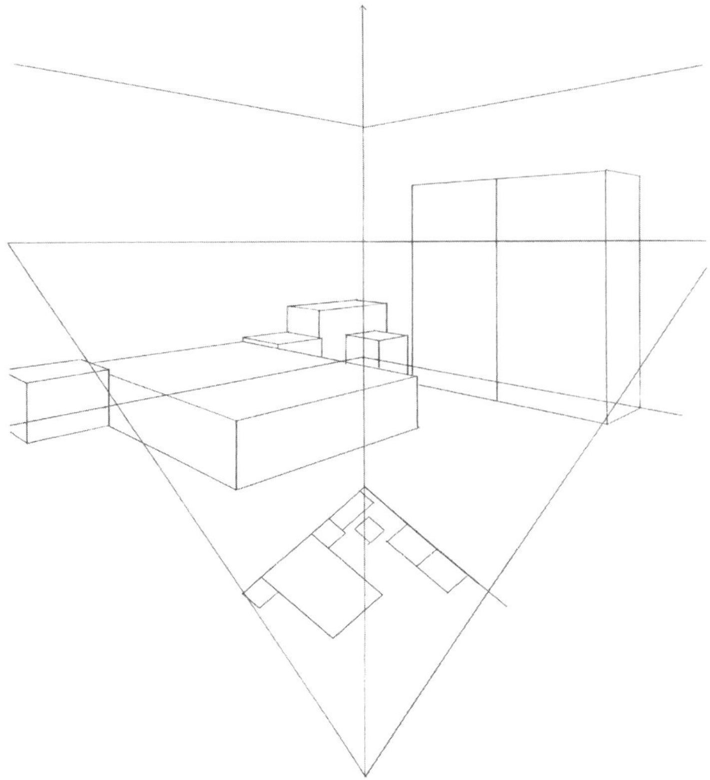

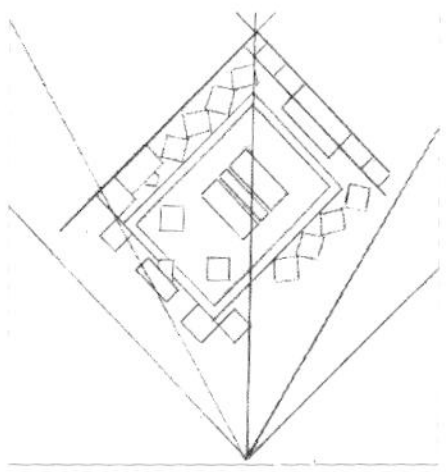

예제1 다양한 크기의 사각형을 평면상에 위치하여 2소점 투시도를 그려보자. 좌측의 소파, 탁자, 벽난로가 함께 있는 레스토랑의 공간을 만들어 보자(2소점 형태 외에도 위치한 각(Degree)에 따라 소점이 다른 형태가 있어서 다소점 투시도의 예시이다).

투시도
디자인하기

:: **사물의 스케치Sketches 연습**

대략적으로 만든 투시도의 형태를 사실감 있게 표현하기 위해서는 실제 사물의 형태를 그려낼 수 있어야 한다. 사물의 형태는 스케치(Sketch) 혹은 아웃라인(Out-line)의 기법을 활용하여 연습이 가능하다.

묘사를 위한 스케치는 명암, 질감과 같은 기본적인 표현뿐만 아니라 형태, 부피까지 고려한 세부적인 묘사이지만, 스케치는 말 그대로 기술이나 도구에 크게 관계없이 독창성 있게, 정확하게 묘사하여 그려내는 방법이다. 하지만 그 형태의 주제나 디자인 및 사실적 내제를 잘 표현할 수 있는 그 이상이어야 한다.

스케치의 재료는 가장 편하게 사용할 수 있는 도구로 작업하며 자연스러운 형태를 컴퓨터 작업과 병행하면 새로운 진보적 형태로 만들 수 있다.

실내공간의 보완적인 역할을 하는 의자, 조명, 테이블, 소품 등의 실내 구성요소들의 그 기능을 이해해야 한다. 가구는 실내공간의 디자인 스타일에 적합한 형태이어야 하기 때문이다. 디자이너가 디자인한 훌륭한 가구에도 익숙하도록 유명한 건축가 혹은 디자이너의 가구와 소품을 가지고 연습하면 많은 도움이 된다.

스케치의 요령에 앞서 먼저 제도하려는 대상이나 주제를 관찰하는 것이 중요하다. 각각의 비례를 고려하여 부분부분을 세밀하게 눈으로 측정한다.

관찰이 끝나면, 먼저 윤곽을 그리고 정육면체, 구, 다각형 등 가장 원초적인 형태로 사물을 그려나간다. 완성을 위하여 선의 굵기와 명암을 활용하여 윤곽을 만든다.

좌측의 형태처럼 정리된 느낌의 명함을 만들며 형태의 윤곽을 만들 수 있고, 다음의 형태와 같이 여러 선을 활용하여 스케치 형태로 표현할 수 있다.

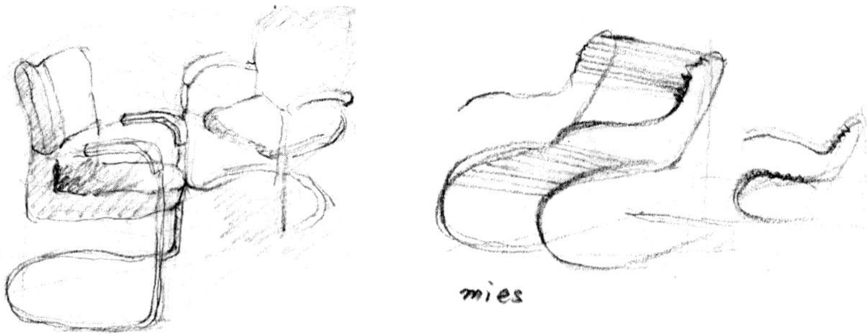

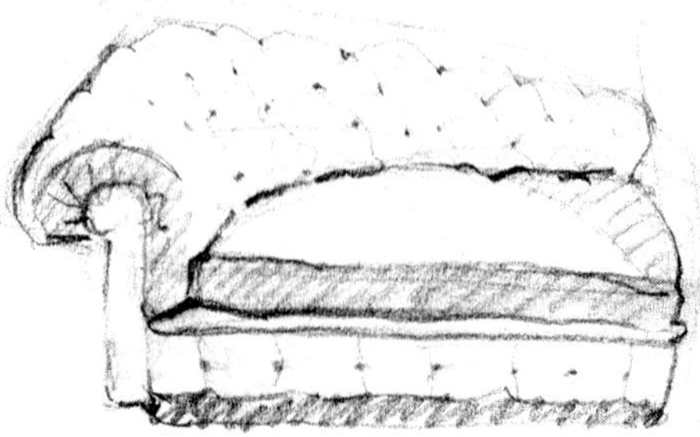

유명 디자이너에 의해 만들어진 가구나 소품일 경우 디자이너의 이름은 물론 크기(Size), 재료, 가격 등의 상세 기록을 함께 하면 디자인 방향에 대한 새로운 아이디어를 제시할 수 있다.

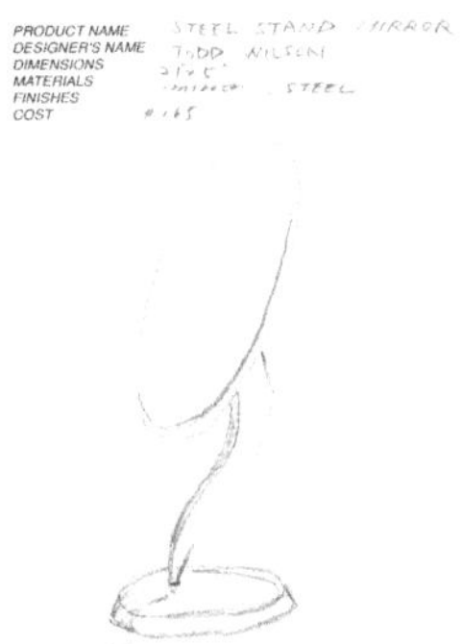

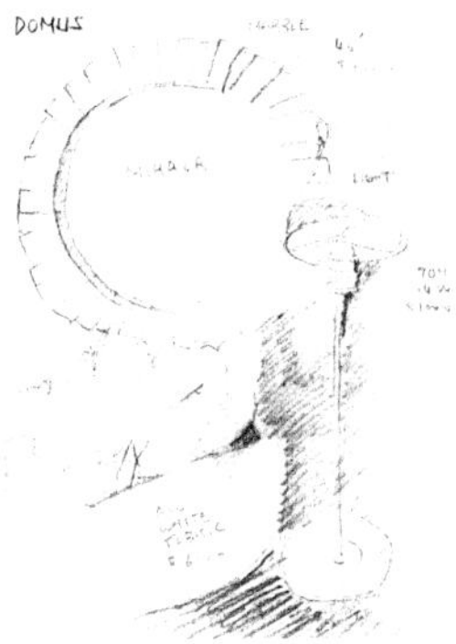

투시도에서 사용될 다양한 소품의 종류들을 연습하여 디자인할 수 있다. 디자이너가 소품의 형태에 소홀할 수 있는데, 각각의 소품들은 전체 공간을 사실적으로 묘사함은 물론, 전체 디자인의 방향에도 기대 이상의 역할을 한다.

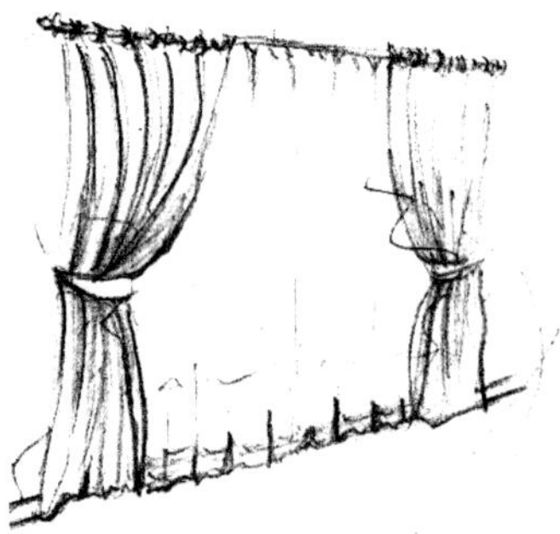

:: 사물의 렌더링Rendering연습

가구 및 공간의 부분(Partial)형태는 우선 투시도의 형태연습 이전에 입면의 표현 훈련이 필요하다. 2차원적인 입면의 형태를 3차원적인 입체감을 가진 형태로 표현하는 것이 무엇보다 중요하다.

동일한 형태에 다양한 렌더링 테크닉을 적용해보자.

실내요소의 다양한 형태를 렌더링 해보자.

입면의 형태에서 단면, 평면의 형태연습을 통하여 3차원 형태를 이해할 수 있다. 형태연습과 함께 다양한 재질의 표현연습을 하자.

단순한 형태와 함께 복잡한 형태 및 디자인 전 분야의 형태를 묘사하여 디자인의 감각을 향상시킬 수 있다.

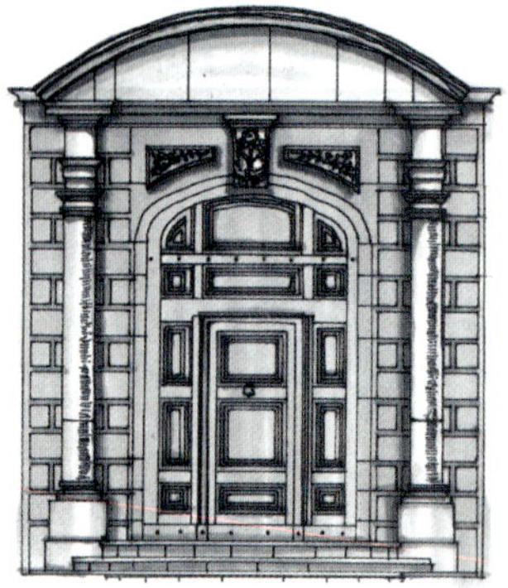

마카나 다른 채색방법을 활용하여 사물의 형태를 연습해 보자. 작은 사물의 효과적인 연습은 공간 전체의 배색, 구도, 비례감 등 조형원리의 이해에 도움을 준다.

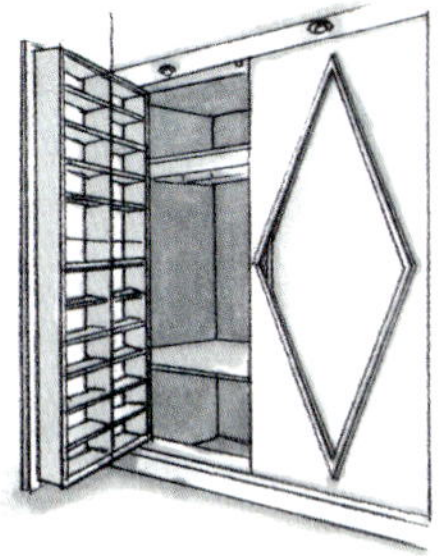

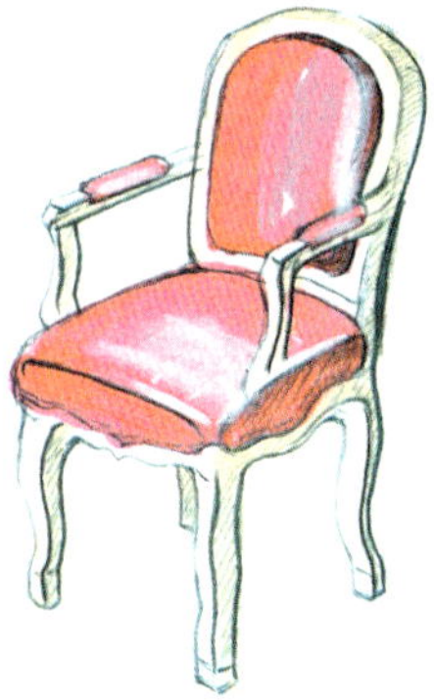

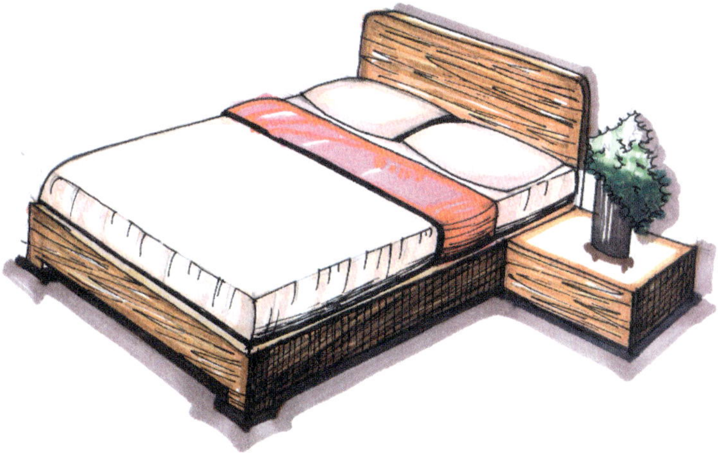

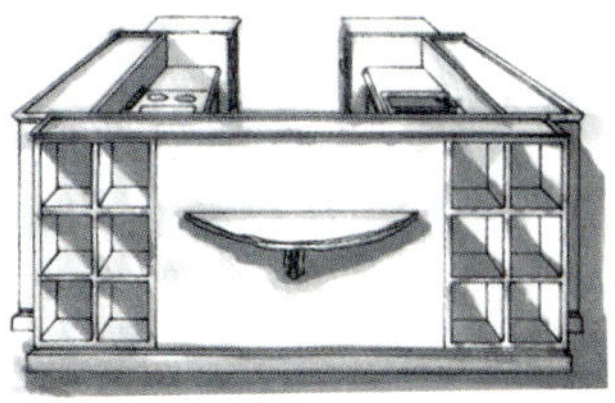

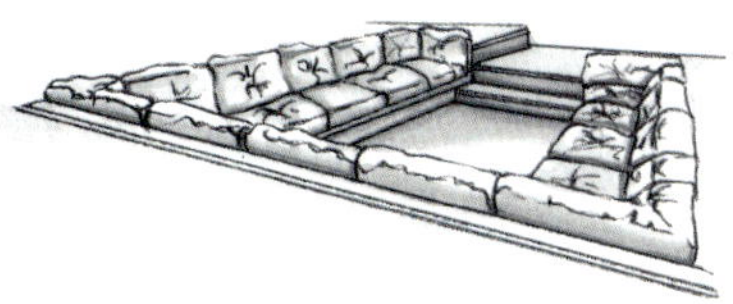

계단의 형태도 디자인의 방향에 따라서 간단한 형태에서 복잡한 형태가 만들어진다.

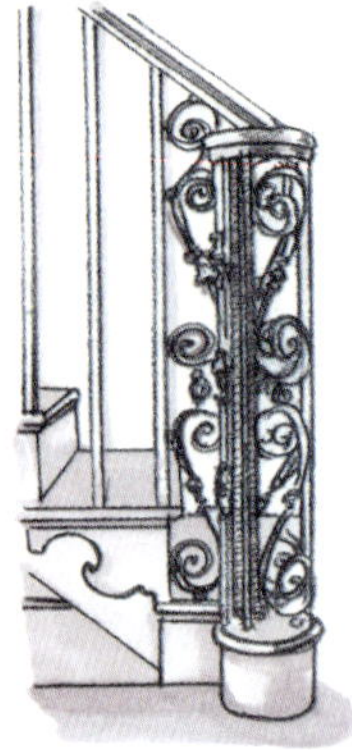

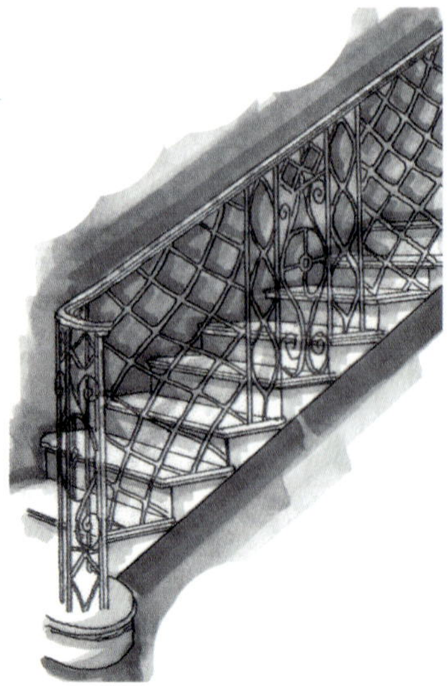

창호의 형태도 전통, 모던의 형태 등 다양한 시대의 모습으로 표현된다.

사물의 묘사를 통해서 형태의 사실감은 표현된다. 창호의 유리, 가구 혹은 내부공간의 세부 몰딩 표현에 있어서도 마찬가지이다.

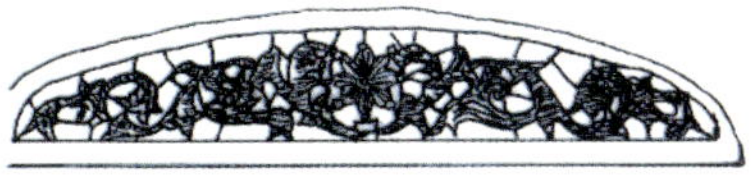

간단한 색채를 활용하여 다양한 공간의 형태를 표현할 수 있다

다양한 조명도 디자인하여 여러 각도의 형태로 재현할 수 있다.

:: **스케일(Scale)의 활용**

실내 투시도에는 다양한 사물의 형태들로 구성요소를 이루고 있다. 가구, 조명등과 같은 소품들에서 나무, 돌 등과 같은 재료의 소재에 이르기까지 많은 구성요소들이 있는데, 이들 형태들은 투시도상의 축척을 이해할 수 있는 주요 요소로서 공간 내부를 사실적으로 묘사하는 역할은 물론이고, 디자인의 구성방향에 중요한 부분을 차지하고 있다. 이 단원에서는, 구성되어지는 여러 요소 중에서 공간의 크기 및 사물의 비례를 사실적으로 표현하기 위한 기본구성요소를 연습해 보자.

- **사람(People)의 표현**

투시도에서 사람의 크기를 조절하는 방법은 모든 사람의 눈높이를 다음 그림과 같이 시야의 중심선(HL)의 동일선 위에 위치시킨다. 단, 투시도의 소실점(VP)이 눈높이(HL)에 위치해야 한다. 투시도에서 대부분의 사람은 수평선(눈높이) 위에 있음을 알 수 있으며 적절한 입체감을 주기 위해 적당한 배열이 중요하다.

인물의 크기가 커지면 사람들의 복장과 같은 세부묘사가 정밀하게 이루어지지만 너무 상세하게 표현하여 전체 디자인 의도에 방해요소가 되지 않도록 묘사하여 한다.

사람의 형태를 표현하는데 있어서 실내공간 내의 부가적인 존재로서 주요 실내요소 다음에 배치하며 단순한 형태가 좋다.

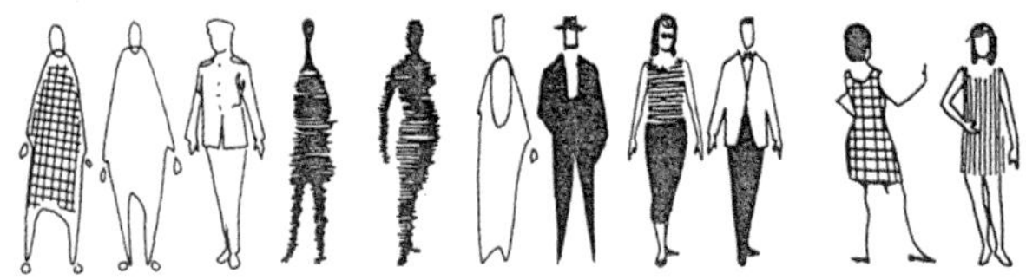

이처럼 다수의 사람들의 모습을 표현해야 할 때에는 서로 겹치도록 표현하여 동적인 사실감을 재현할 수 있다. 단, 너무 지나치지 않는 것이 바람직하다.

이처럼 하나의 형태를 다양한 크기의 스케일로 복사한 후 투시도 아래에 위치시켜 연필, 펜을 이용하여 그대로 그리면 된다. 다양한 사람들의 형태를 그림 또는 사진 파일로 구성하여 보관하면 용도에 따라 사용할 수 있다.

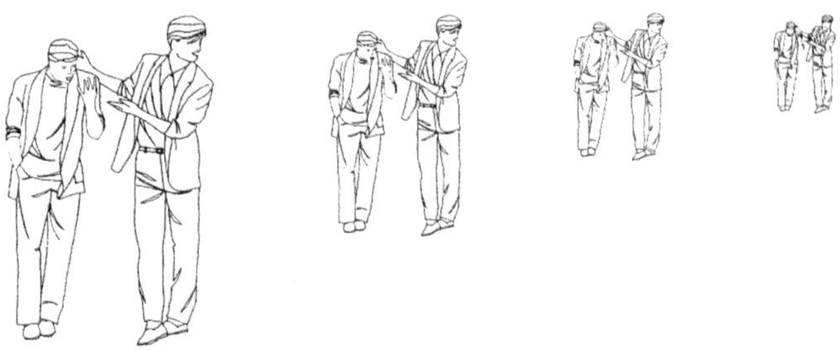

- **자동차(Car), 배(Ship) 등의 표현**

내부와 외부가 연계된 투시도를 그릴 경우, 외부의 스케일(Scale) 요소가 다양하게 필요하다. 그 대표적인 예가 자동차, 배 등의 표현인데, 다음의 그림과 같이 표현되어질 수 있으며, 여러 형태의 각도와 종류에 따라 다르게 표현될 수 있다.

• **나무(Tree) 등 자연요소의 표현**

나무들은 배경에 있는 공간 내부의 구성요소와 함께 구도를 이루고 제2의 요소로서 생생한 사실감을 더해준다.

다양한 종류의 나무들은 그 특성, 형태 및 음영에 따라 2H, 혹은 HB, 4B로 윤곽선을 달리하여 표현해야 하며, 이들 형태들은 실내구성요소의 보충적인 형태이기 때문에 중요한 요소보다는 흐리게 표현되어야 한다.

나무들은 정교하게 표현될 수 있기 때문에 매우 현실감이 있다. 추상적이거나 실제적인 나무의 형태 변화에 따라 시각적인 흥미를 연출할 수 있다.

다양한 자연재료의 표현에 따라 투시도의 모습은 사실적으로 묘사되며, 이처럼 평면적으로도 표현이 가능하다.

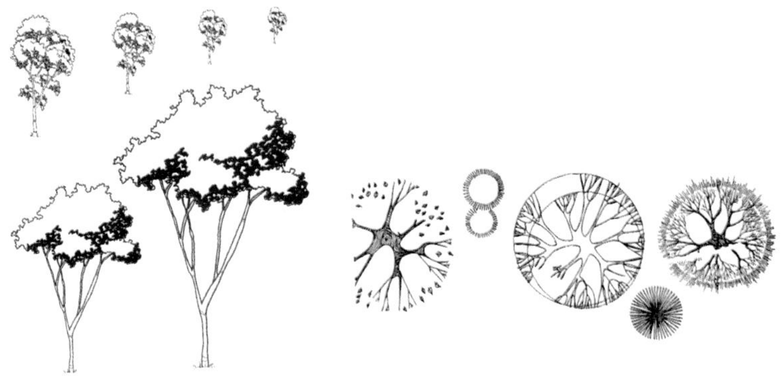

나무와 같은 자연재료의 사실적 표현은 그림자를 통해 공간의 명암대비 효과를 연출할 수 있다. 지면에 그림자를 표현함으로써 투시도에 입체감을 만들어준다.

:: **재료(Material)의 표현**

묘사를 통하여 사실적이며 감각적으로 표현된다. 나무, 카펫, 타일 등의 바닥재료 외에도 다양한 소재의 표현을 연습하자.

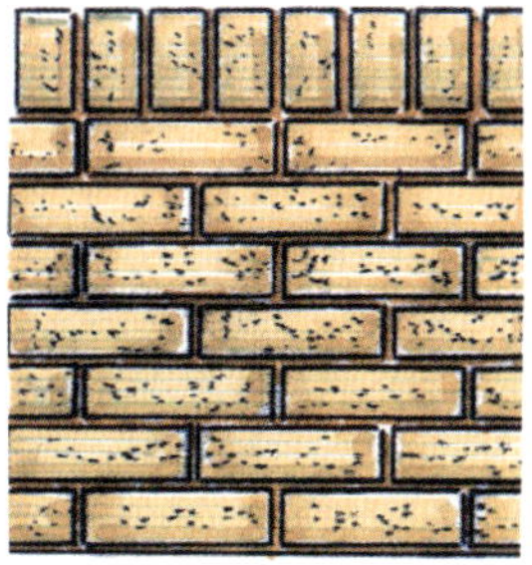

패턴, 재질 등의 다양한 질감 표현연습을 하자.

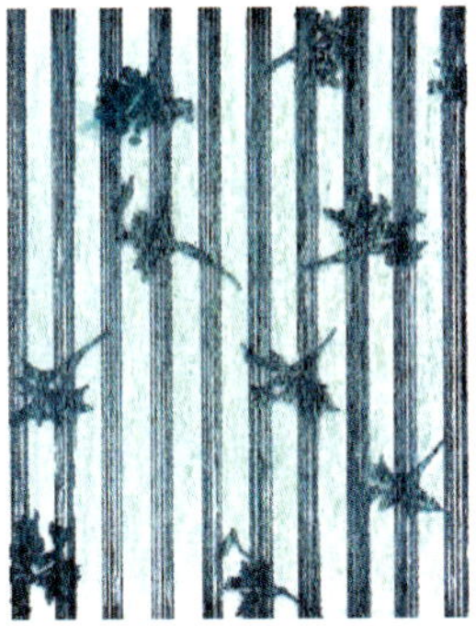

:: **투시도 디자인하기**

연필로 평면구성을 디자인할 경우 프리핸드, 혹은 자를 함께 이용하면 근접한 치수의 형태를 만들 수 있다.

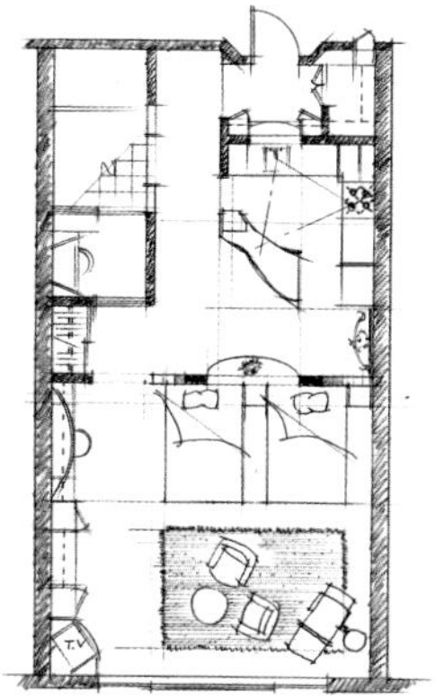

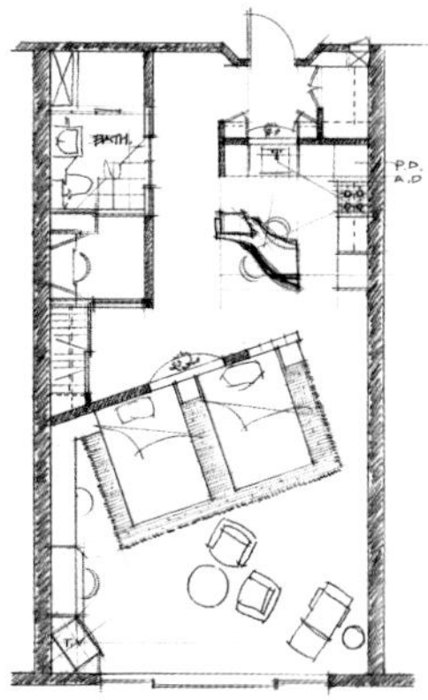

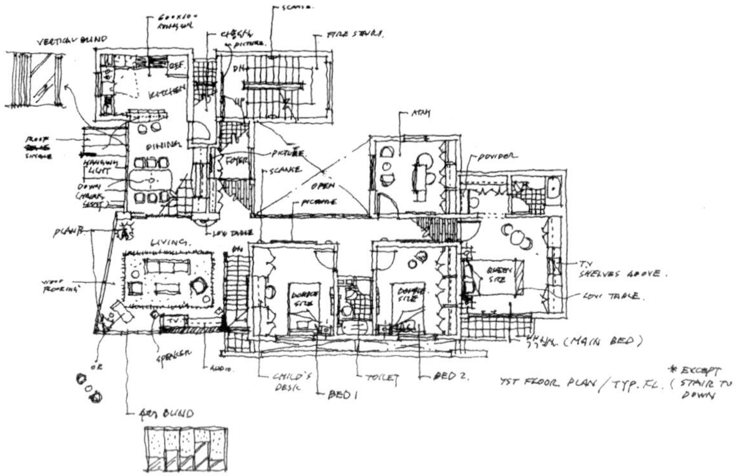

펜을 사용하여 프리핸드(Freehand)로 평면구성을 디자인할 경우, 동일한 공간에 다양한 디자인의 형태를 적용할 수 있다. 작업한 투시도 위에 트레이싱 페이퍼를 놓고 신속하게 새로운 디자인을 그려낼 수 있다.

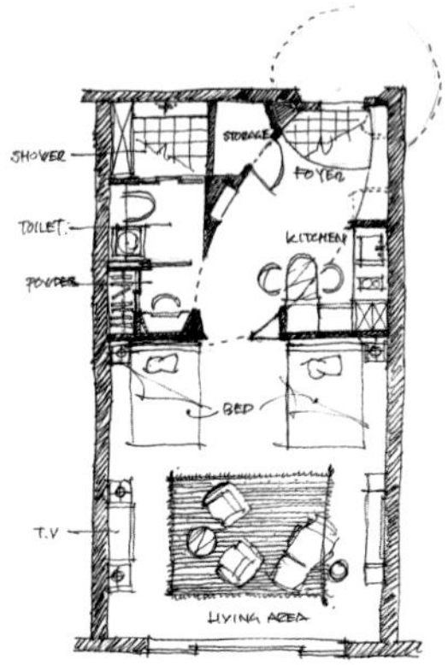

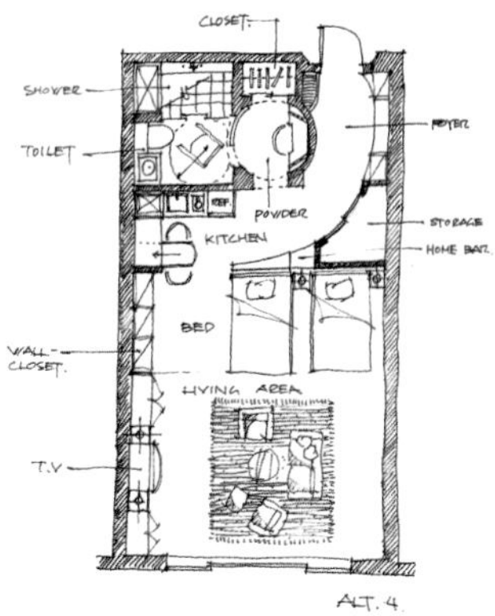

디자인의 방향에 따라 공간의 형태도 다양한 모습으로 표현된다.

여러 가지 다양한 디자인을 적용하여 형태를 만든다. 벽체의 재료구성에서 조명의 형태까지 세부적으로 공간을 디자인한다. 다음의 그림은 다양한 형태의 디자인을 표현하는 과정으로 이해를 돕기 위해 중간과정의 형태를 보여준다.

투시도 완성하기

투시도의 형태는 사물의 스케치, 스케일의 활용, 재료의 다양한 표현에 의해 실내 구성요소가 디자인된다. 디자인한 형태가 투시도상에서 서로 조화롭고 구체적으로 사실 묘사되기 위해서는 각각의 형태에 윤곽(Punch line)과 음영(Shade & Shadow)을 표현해 주어야 한다.

투시도는 다양한 단계의 명암대비, 사실적인 묘사를 통하여 특징이 강조되고, 의도하는 디자인의 내용이 정확히 전달될 수 있다. 이 단원에서는 묘사를 통한 사실적인 투시도 표현방법을 이해하도록 하자.

:: 형태에 윤곽Punch line 넣기

형태의 윤곽은 표현하는 형태의 방향에 따라 선의 굵기를 다양하게 표현하는 방법이다. 윤곽선은 사물의 거리와 깊이에 따라 굵기가 달리 표현된다. 예를 들어, 굵은 선은 가는 선보다 더 가까이 보이기 때문에 시야에 근접한 형태를 묘사할 경우 사용된다.

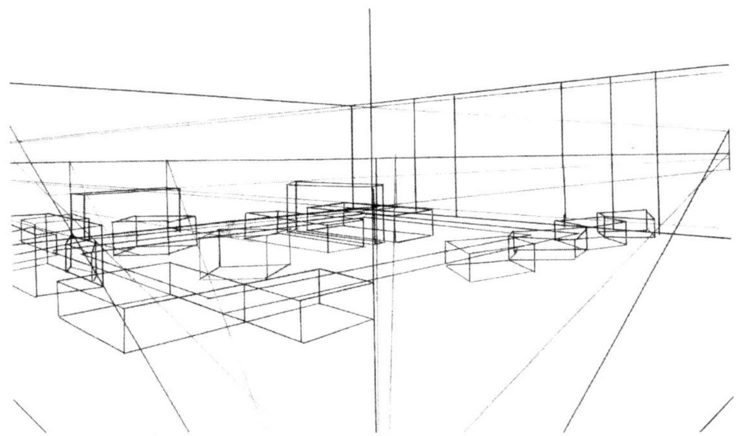

위의 기본적인 제도형태는 아래의 디자인된 형태로 만들어지며 공간요소의 디자인이 마무리되는 단계에서 선의 강약을 주어 입체감을 표현할 수 있다.

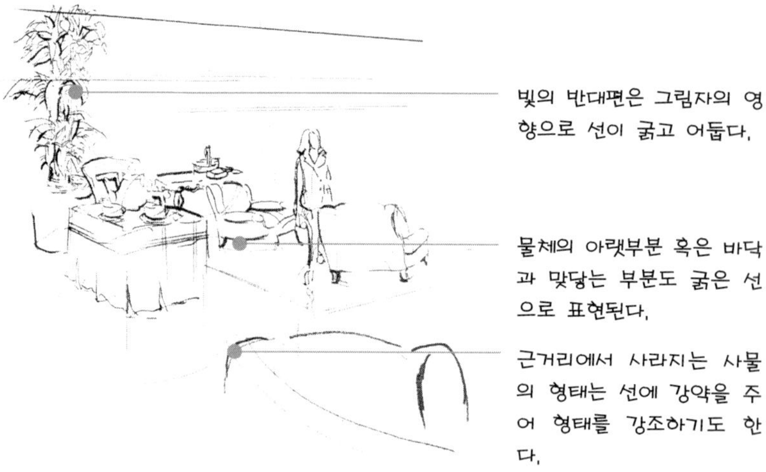

좌측의 예시는 선의 강약이 없이 1~2가지 형태로 강약을 표현하였는데, 입체감의 표현이 약하고 공간 자체가 단조롭게 보인다.

좌측의 예시는 선의 굵기를 다양하게 활용하여 공간 내부의 입체감과 사실감을 나타내고 있으며, 재료와 재질의 패턴도 표현되어진다.

금속의 하단부분은 그림자가 만들어져서 어둡고 굵은 선으로 표현한다.

아크릴 등의 형태는 외곽선이 재질감 또는 패턴으로 사용되어지는 선보다는 약하게 표현한다.

그림자가 만들어지는 공간의 외곽선은 굵게 표현한다.

원거리의 패턴이나 재질감의 표현은 가는 선을 활용한다.

각 형태의 외곽선도 굵게 표현하며 곡선은 강약을 주거나 커팅(Cutting)을 하기도 한다.

천장에 맞닿는 형태의 외곽선은 굵은 선으로 표현한다.

원근감의 표현을 위하여 때때로 굵은 선을 사용하기도 한다.

재질의 표현을 위한 선은 가장 연하고 가는 선을 활용한다.

바닥의 자연석을 강조한 형태로 바닥을 강한 선으로 표현하여 공간의 무게감을 표현한 형태이다.

공간 내부에서 사용되어지는 다양한 재료의 재질감을 표현한 것으로 금속, 석재, 유리 등의 세부적인 묘사도 선의 강약에 따라 달리 표현되어질 수 있다.

외부의 형태도 역시 다양한 선의 활용으로 원근감을 표현할 수 있다.

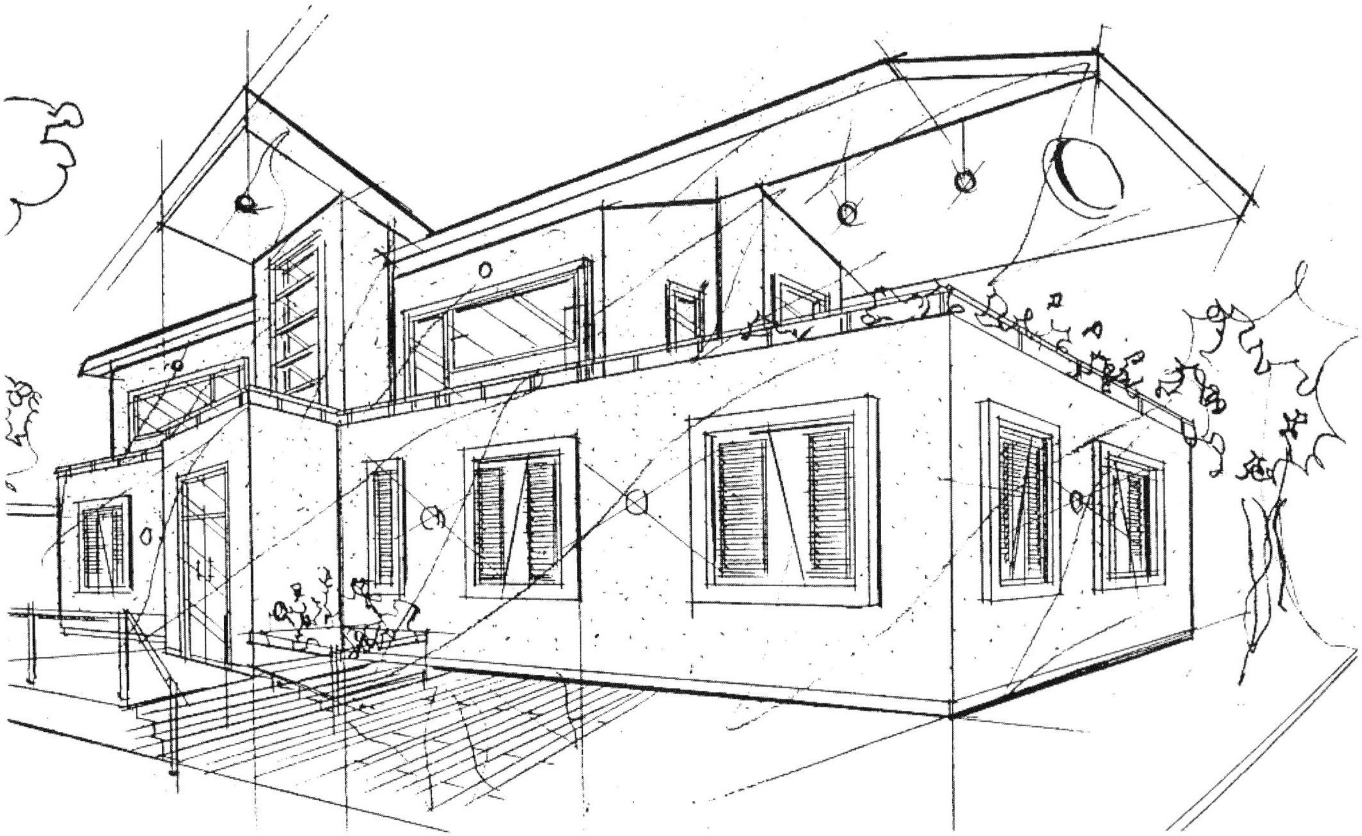

:: **형태에 음영Shade & shadow 넣기**

투시도는 주로 사물과 재료에 의한 상징적인 표현들이 묘사된다. 투시도는 명함대비에 의한 사실적이며 구체적인 입체감으로 공간 내부를 균형 있게 표현해주어야 한다. 특히 공간 내부에 위치한 각각의 사물에 대한 명암과 그림자를 우선 신중하게 고려하여 음영에 대한 표현연습을 시작해야 한다.

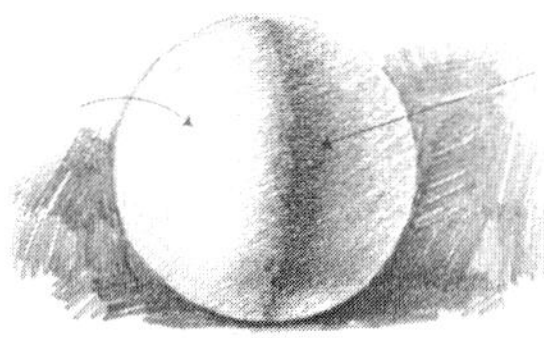

• 음영의 방향

빛이 직접적으로 만나는 부분은 밝으며 빛을 받지 않는 반대편은 어둡다. 같은 방향을 갖는 표면은 어느 곳에 위치하더라도 같은 명도를 갖는다.

• 음영의 형태

빛의 방향이 설정되면 그림자가 만들어지고 형태의 밝기는 빛에 맞도록 조절된다. 실제로 빛이 움직일 경우 형태의 밝기를 변화, 조절시킨다.

• 음영의 거리

멀리 떨어진 형태들은 점차 멀어짐에 따라 점점 어두워진다.

다음은 음영의 방향을 다양하게 연습해 본 형태이다.

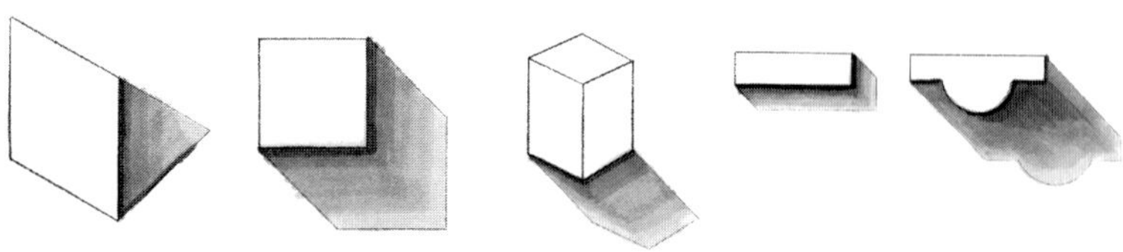

입면, 평면, 투시도의 다양한 형태 연습이다.

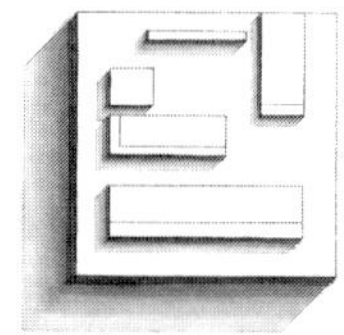

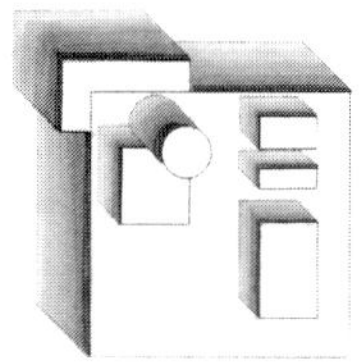

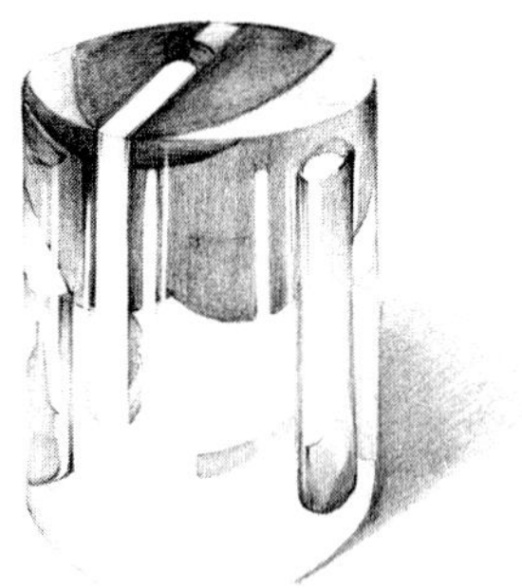

형태의 위치와 크기 변화에 따라 어떻게 변화하는지 이해해 보자. 원기둥의 형태를 거울로 간주하고, 주변 요소와의 변화연습은 공간적 조화뿐만 아니라 실제 음영을 통한 사실적 묘사를 가능하게 한다.

윤곽(Punch line)을 표현하여 투시도를 완성한 후, 음영의 효과연출을 위해 여러 가지 기법을 활용할 수 있다.

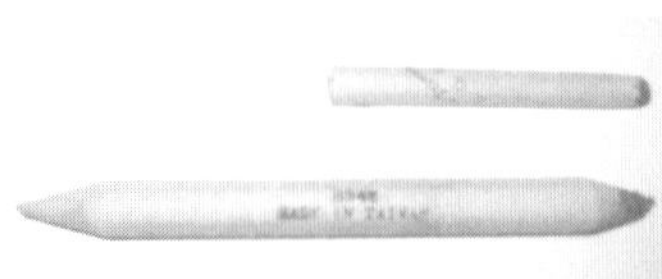

소묘, 정밀묘사 등 다양한 연필 터치법을 활용할 수 있지만, 이 단원에서는 쉽게 명암을 표현하고 이해하기 위해 찰필의 재료를 사용하기로 하자.

이 재료를 사용할 때는 부가적인 표현이 필요 없으며, 단순히 복사기와 컴퓨터 스캐너를 활용하여 다양한 음영을 연출할 수 있다. 단, 이 재료를 사용하기 이전에 다양한 굵기의 연필(4B, 2B)을 활용하여 충분한 윤곽을 만들어야만, 번짐의 효과를 이용하여 입체적인 형태를 표현할 수 있다.

다음의 그림은 디스플레이 선반을 입체적으로 표현하기 위한 방법이며, 이처럼 전체의 공간을 선택하기 이전에 작은 소품, 가구 등의 표현을 연습하여 자신감을 만들어 보자.

뚜렷한 명암대비로 인해 강한 그래픽적인 공간을 만들 수 있다.

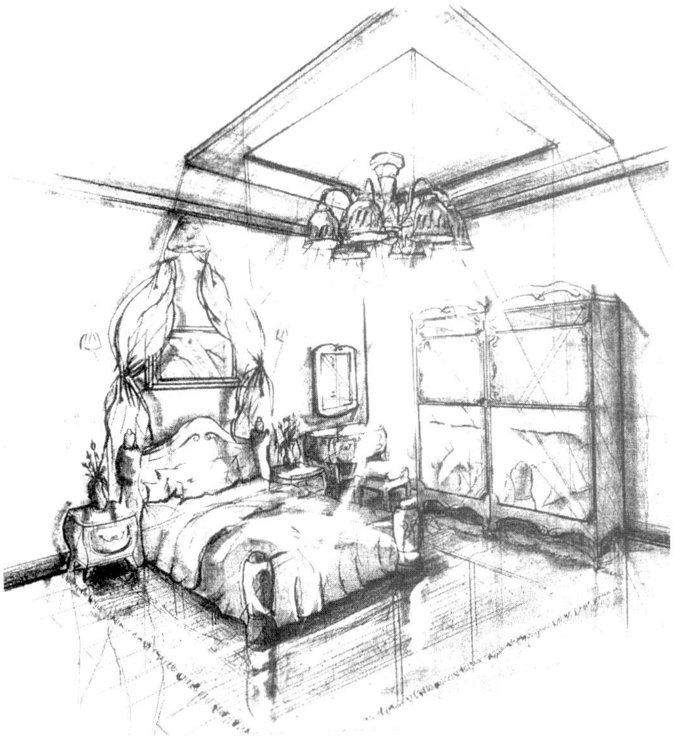

그림자는 그늘진 부분보다 더 어둡게 표현되며 그림자를 강조하기 위해 수직적인 반사의 음영을 바닥 평면에 표현한다.

방향성을 강조하기 위해 수직의 형태에는 수직선과 수직적인 음영의 면처리를 한다.

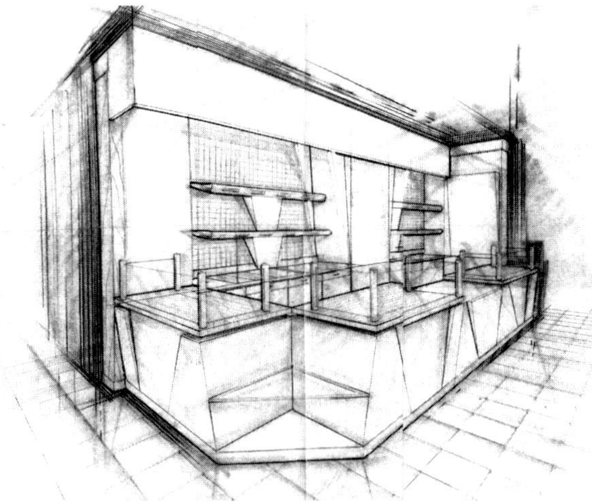

다음의 그림은 사물의 아랫부분을 강조하여 형태의 입체감을 표현한 작품이다.

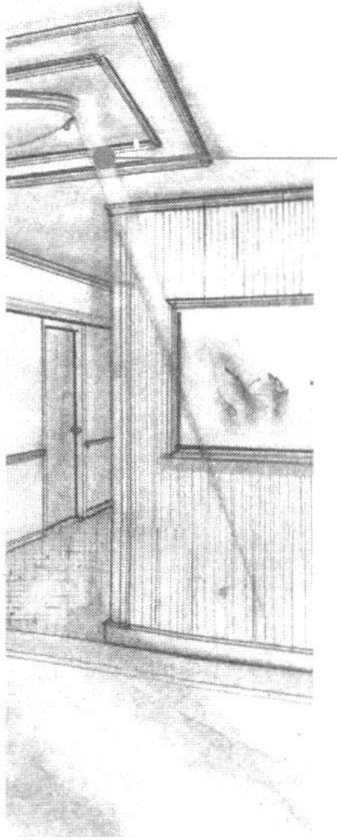

인위적인 빛의 과장은 공간의 생생함을 더해준다.

천장과 바닥은 다른 공간에 비해 어두우며, 벽면은 수직적 표현을 위해 위에서 아래로 선을 긋는다.

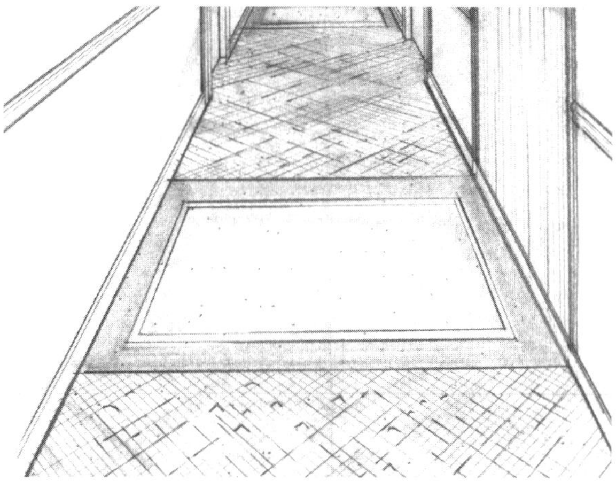

바닥재료의 표현은 전체 스케일과 조화되어야 한다. 하나의 세부적 묘사로 전체공간이 미완성의 형태가 될 수도 있으며, 부적절한 입체 표현으로 재료의 성질이 정확하게 표현이 안 될 수도 있다.

인위적인 조명에 의한 실내공간의 음영 효과를 연출한다.

부분 반사나 투명반사의 차이에 따라 표현이 다양해진다.

나무, 꽃 등은 미적인 형태의 강조 외에도 공간 내부에 중요한 구도를 만들어 주며 동시에 사실성을 부여한다.

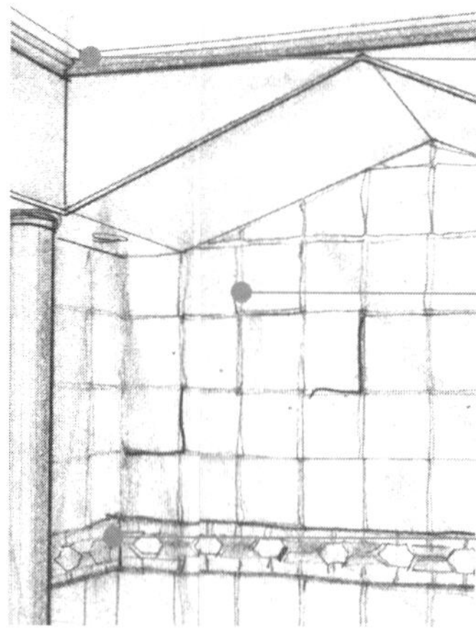

몰딩의 코너와 연결형태의 입체 표현이다.

자연석 타일과 같은 차갑고, 딱딱한 소재나 부드러운 자연재료의 표현을 위해서는 부분강조기법과 프리핸드 기법을 활용하여 표현할 수 있다.

주위의 일반적인 형태와 조화할 수 있도록 입체형태의 자연석 파트 타일의 형태 연습이다.

나무, 꽃 등은 미적인 형태, 중요한 구도와 주위공간으로의 연결형태를 만들어 주며, 동시에 사실성을 부여한다.

반대편 사물들의 반사형태를 통하여 사실성이 강조된다.

관련 사물들의 묘사를 통하여 공간의 디자인적 요소를 강조할 수 있다.

기둥의 형태가 돌아가는 느낌이 들 수 있도록 레디에이션(Radiation) 효과를 연출 할 수 있다. 특히 기둥의 강조와 기둥과 뒤 벽과의 거리감을 만들기 위해 진하게 윤곽을 만들어 준다.

액자의 묘사는 전체의 조화가 어긋나지 않도록 간략한 표현이 필요하다.

목재의 연결부분은 시야의 각도를 고려하여 세부적으로 묘사하면 재료의 특성과 형태를 표현할 수 있다.

수건의 곡선적 표현은 선의 강약효과 뿐만 아니라, 벽체와 만나는 부분의 그림자 연출이 필요하다.

세부적인 음영 연출을 통하여 내부 투시도의 입체적, 사실적 표현이 가능하며 스케치 혹은 선 연습과 마찬가지로, 계속적인 연습을 통하여 형태의 표현이 부드러워진다.

각각의 부분 투시도를 조합하여 연결하면 다음의 형태가 만들어진다.

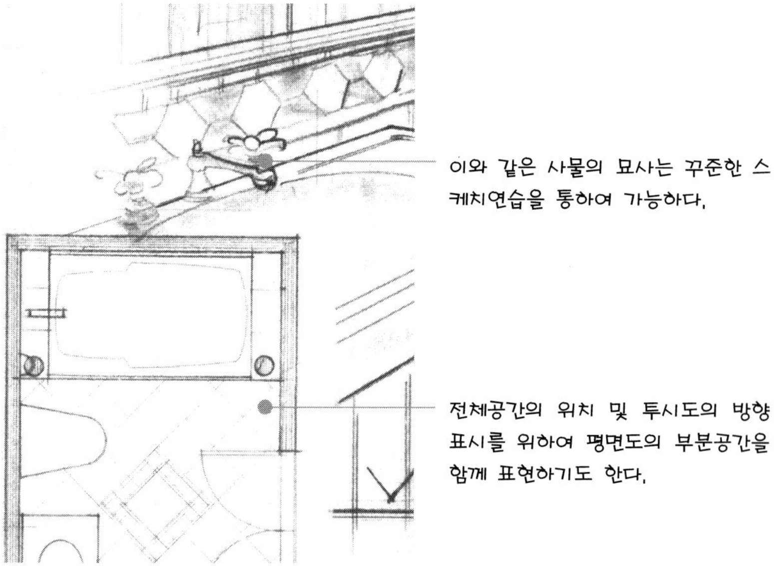

다음의 그림은 기본적인 외부투시도의 형태에 빛의 방향을 한쪽으로 고정한 후 음영을 표현하였다. 하늘 부분은 밝게 표현하되 하늘과 만나는 부분에 음영을 주어 하늘과의 거리감을 보여준다. 바닥은 재료의 재질감과 주변 조경의 그림자 효과를 연출하였다. 가운데에서 외각으로 밝게 처리하여 원근감을 나타낸다.

평면도에 음영의 효과를 주어 입체감과 사실감을 표현할 수 있다.

원형 형태의 나무 그림자, 수영장 깊이의 음영표현으로 추가적인 입체감을 표현할 수 있으며, 주변재료의 질감 표현으로 사실적인 묘사는 강조된다.

공간의 입구와 그 통로의 표현으로 조명과 빛에 의한 효과를 표현한다. 유리의 반사로 아크릴 소재의 로고가 우측에 반사되며, 양쪽 캐노피 아래의 조명이 바닥에 반사되는 효과와 더불어 전면 유리가 함께 묘사된다.

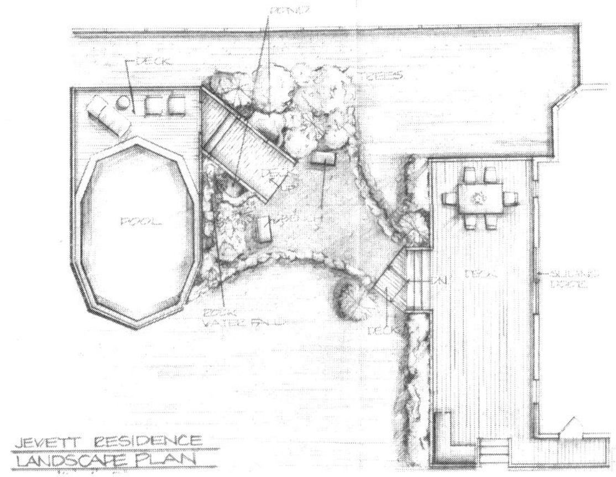

주거공간의 투시도는 가구, 조명, 커튼 등 실내구성요소의 세부적 묘사를 통해 사실적이며 감각적인 표현이 가능하다.

철제 가구와 관련된 소품들의 다양한 표현이 있는 침실이다.

굵은 선을 활용하여 철제를 표현했으며, 부드러운 선과 명암을 이용하여 커튼을 표현하였다.

벽면가구의 수납형태와 재질이 다른 각각의 소파를 표현한 거실공간이다.

전체적인 질감과 패턴 표현이 조화가 이루어지도록 구성한다.

인위적인 조명에 의한 실내공간의 음영효과를 연출한다.

소파에 다른 질감과 패턴을 주어 유사함과 차이점을 보이려고 노력한다.

여러 가지 다양한 소재의 소품들은 공간을 사실적으로 묘사할 수 있도록 도와준다.

이전의 그림과 연결된 거실공간으로, 주방과 연결된 바(Bar)와 자연 친화적 조경을 음영의 연출을 통해 사실적으로 묘사한다.

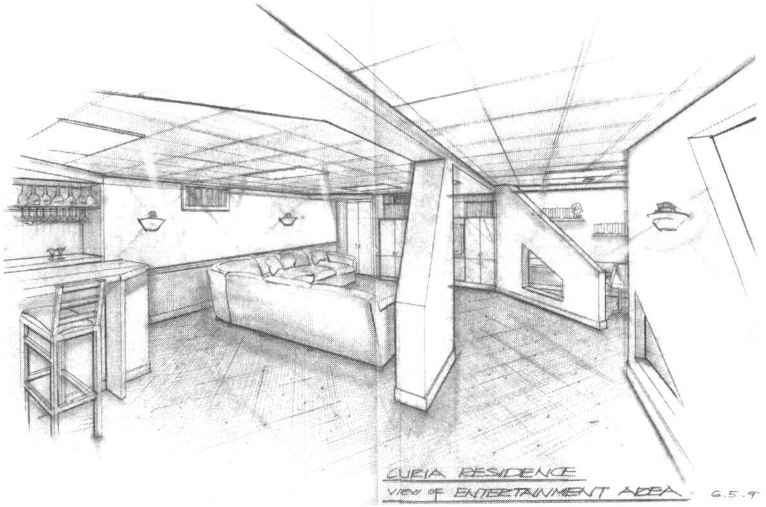

천장을 재료의 성격에 따라 재질감과 함께 어둡게 처리하여 공간 전체의 분위기를 만든다.

벽부등 주변을 밝게 처리하거나 밝은 부분 주변을 어둡게 처리한다.

물체의 하단부분을 어둡게 표현하여 공간의 무게감과 입체감을 표현한

욕조의 곡선형태와 물의 깊이감도 음영에 의해 표현되어지기도 한다.

바닥의 밝은 부분은 그림자를 제외하고 지우개를 사용하여 밝게 처리하기도 한다. 지우개의 사용 시 자를 활용하여 직선적인 느낌을 강조한다.

사무공간의 투시도는 재료나 재질감의 세부적 묘사 이전에, 사무용 가구 및 관련 실내요소 등의 형태적 묘사가 중요하다. 특히 전체 공간의 디자인 방향을 명확히 표현하기 위해서는 주변공간과의 연계관계를 이해해야 한다.

유리를 통해 보이는 투명효과와 빛의 반사에 따른 창호 프레임의 음영효과를 표현한다.

빛과 음영에 따른 소파의 표현방법이다. 세부적 음영기법을 사용하지 않더라도 단순한 음영 표현이 가능하다.

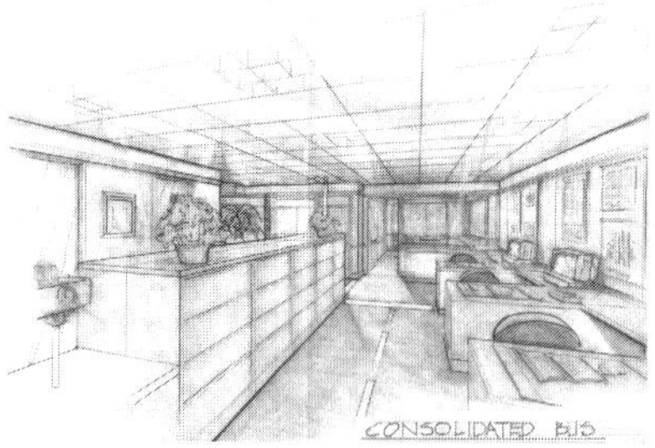

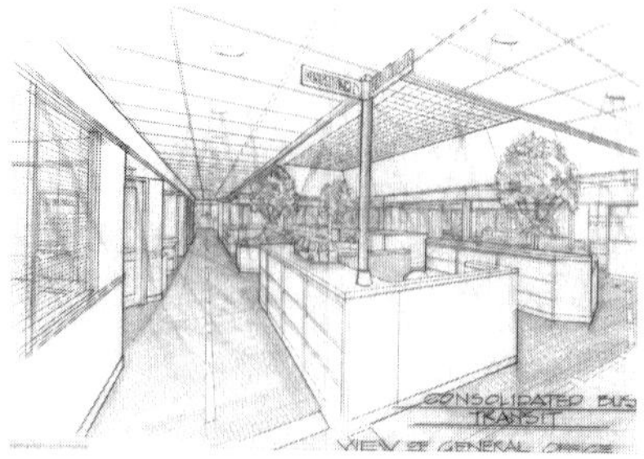

상담공간과 대기공간이 함께 있는 공간으로 전체적인 질감과 패턴 표현의 조화가 이루어지도록 구성한다.

명암의 구분과 테이블 상단의 반사 표현이 뚜렷하다.

천장 창호를 통한 빛의 반사를 표현하였으며, 벽면의 그림은 사실적 연결을 위해 바닥의 패턴과 연결하여 표현하였다.

셀프(Self) 형태의 간이식당(카페테리아) 공간이다.

상업공간의 투시도는 물건의 거래가 이루어지는 주요 공간으로, 판매 또는 전시되어지는 각 사물들의 사실적 묘사가 전체 공간의 디자인을 부각시킨다. 특히 의자 등 사물의 반복적 표현이 많으며 세부적인 묘사가 중요하다.

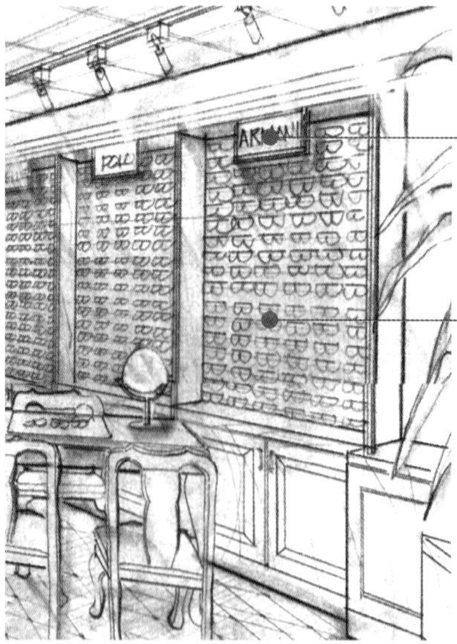

자연 친화적 디자인 컨셉을 표현한 연회공간의 형태로 중앙 홀은 빛의 반사효과를 이용하여 사실감을 표현한다.

외부 투시도의 형태는 재료의 사실적 묘사가 중요하며 특히, 그림자의 형태와 강약의 조절에 따라 입체적인 사실감이 표현된다.

:: 다양한 음영Shade & shadow 표현

음영의 형태는 다양한 재료에 의해 표현될 수 있으며, 재질감에 따라 다양한 형태가 나타난다. 이 단원에서는 주로 많이 사용하는 재료에 의한 음영의 세부적 묘사를 이해하도록 하자.

다음의 그림은 컬러의 사용 없이도 형태의 사실감을 표현한 작품이다.

다음의 그림은 그레이 톤(Gray tone)의 마카를 활용하여 음영을 표현한 작품으로 원근감과 재질감의 표현이 잘 된 작품이다.

윤곽선(외형선)의 형태가 없이 음영의 표현만으로 형태의 구분이 가능하다.

주위의 사물형태 혹은 작은 공간을 선정하여 음영연습을 해보자. 다음의 그림과 같이 검은색(진한 회색)의 종이 위에 연습하면 쉽게 음영의 강약을 이해할 수 있다.

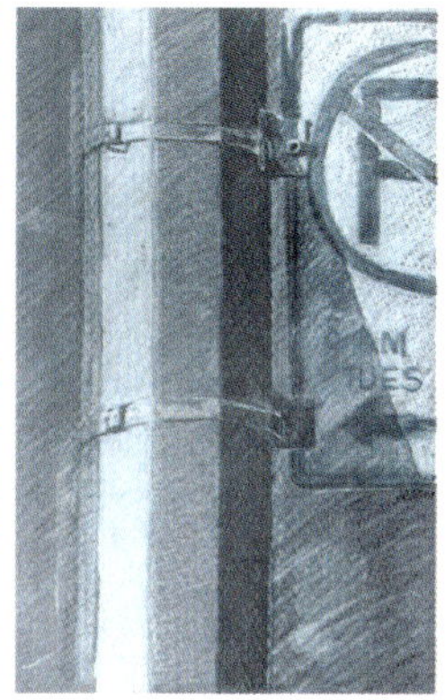

점을 활용하여 세부적인 음영의 형태와 간격과 위치를 이해할 수 있으며 명암과 명도를 표현하기 위해 사용한다. 시간이 비록 많이 소요되지만 음영의 실제적인 표현 훈련에 많은 도움을 준다.

렌더링 따라하기

■ 렌더링의 표현은 입체적인 구성을 통한 사실적 묘사 외에도 공간의 적합한 분위기 연출 및 프레젠테이션의 효과 연출을 위해 널리 사용된다.

렌더링의 표현을 위한 재료의 종류는 다양하다. 이 단원에서는 주변에서 쉽게 구할 수 있고 주로 이용되는 마카, 색연필, 파스텔을 사용하기로 하자.

그레이(Gray) 톤을 활용한 음영 표현방법을 상기하면서 실제 컬러를 입혀보자.

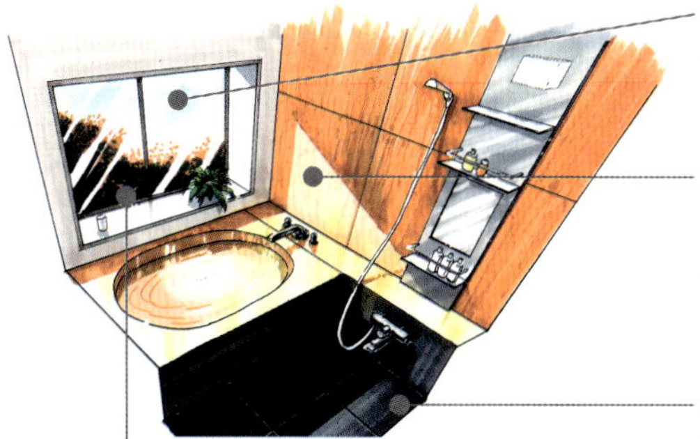

밝은 부분은 의도적으로 사선의 여백으로 처리하여 유리의 형태를 표현한다.

음영연습을 통해 각각의 그림자를 강하게 부각시켜 3차원의 입체감을 표현할 수 있다.

좌측에 보이는 음영의 톤을 분석하면, 밝은 공간은 같은 채색 계열의 채도가 높거나, 명도가 낮은 색채를 주로 사용했다.

회색 계열의(Gray tone)의 각 단계별 표현이 만들어진다.

마카를 사용하여 전체를 채색한 후, 흰색 색연필로 빛에 의한 기둥의 명암 표현이다.

수직적인 형태와 어두운 바닥 색의 연장으로 전체 공간의 깊이감을 표현할 수 있다.

투시도에서 렌더링까지 기본적으로 투시도 그리기/명암 넣기/채색하기 이렇게 3단계로 나눌 수 있는데, 여기에서 보이는 형태는 간단하게 그 단계를 보여주고 있다.

:: **마카 + 색연필 활용방법**

전체 투시도의 렌더링은 음영에 의한 원근감과 실제감, 빛의 반사에 의한 수직적 입체감이 중요하다. 다음의 투시도는 음영 표현을 우선으로 형태를 단계적으로 묘사한 작품이다. 다시 말해서 음영 표현 후 채색을 한 형태이다.

마카의 그레이 톤(Gray tone)은 크게 따뜻한 계열(Warm gray)와 차가운 계열(Cool gray)로 나눌 수 있다.

전체 공간을 구성하는 주된 색채의 느낌에 따라 그레이 톤(Gray tone)을 단계별로 사용해 보자. 우선, Warm gray 1번을 사용하여 전체의 배경색을 표현하자.

2,3번을 활용하여 천장, 바닥, 벽체에 음영을 만든다. 각 재료의 특성을 고려하여 빛의 반사, 음영의 굴절을 적절하게 표현한다.

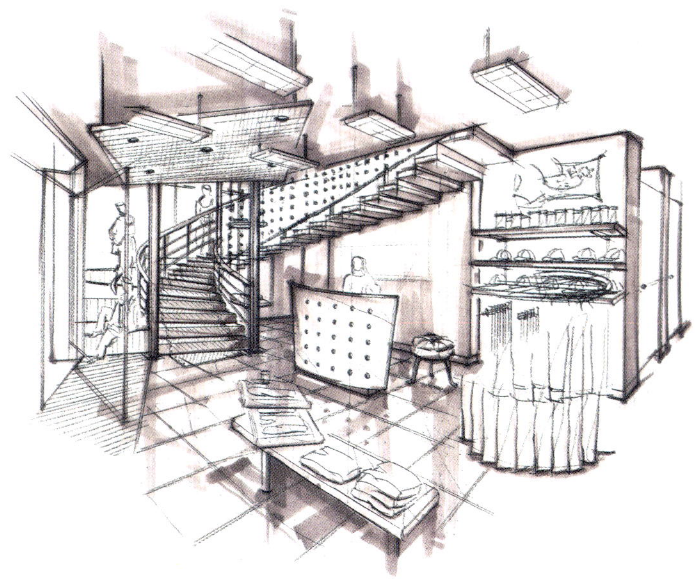

음영의 형태는 음영표현연습에서 학습한 내용을 상기하며 표현한다. 바닥의 재료는 반사가 만들어지는 형태를 그대로 그린다. 카운터(Cash counter)의 음영을 관찰해 보자.

4,5,6번을 사용하여 음영의 가장 어두운 부분을 표시하고 마지막 윤곽을 만들어 입체감을 만든다.

음영 연출과 더불어 연하게 색채를 입혀본다. 빛에 의해 반사되는 부분과 밝은 부분을 고려하여 여백의 공간을 만든다.

음영부분에도 동일한 색채를 표현하여 반사의 형태를 만든다.

실제 사용되는 바닥의 주된 색채를 만든다. 반사의 표현은 수직의 형태로 전체의 형태는 소실점을 중심으로 마카로 채색한다.

유리와 금속재료는 동일한 반사형태로 표현한다. 마카는 세부적인 재료, 재질감의 묘사가 쉽지 않다. 초보자는 다음과 같이 색연필을 사용하여 재료의 세부적인 묘사를 할 수 있다.

마지막으로 흰색 색연필을 사용하여 밝은 부분을 표시하면 된다.

:: **파스텔 + 마카 + 색연필 활용방법**

마카는 전체를 채색하기 위해 많은 시간적 소요와 연습이 필요하다. 이에 반해, 파스텔은 배경색을 부드럽게 만들기 쉬운 재료로 시간적 소요를 단축시킬 수 있다.

우선 파스텔을 사용하여 좌측의 그림과 같이 배경색을 만든다.

파스텔은 번지는 효과가 매우 높다. 그래서 포스트잇(Post-it) 등의 경계선을 만들 수 있는 테이핑을 사용하면 번지는 효과를 줄일 수 있다.

휴지를 사용하여 파스텔을 문지르며 채색하면 부드러운 배경의 표현이 가능하다.

경계선을 중심으로 재료의 색채 표현을 하면 아래의 형태가 만들어진다.

물체의 음영부분에 그 형태의 색채보다 진한 채색의 파스텔을 사용하여 사실적인 묘사를 한다.

소파, 테이블 등의 가구를 강조해 보자.

소파, 탁자의 음영을 만든다.

마카를 사용하여 벽면과 바닥에 채색하여 전체공간의 원근감을 표현한다.

흰색 색연필을 사용하여 빛의 반사와 밝은 공간을 표현한 후 각 형태의 윤곽을 만들어 입체감을 표현한다.

다양한 종류의 색연필을 활용하여 각 재료의 재질감을 표현한다.

마지막으로 밝은 부분을 더욱더 밝게 표현한다. 흰색 색연필 혹은 화이트(White-out)를 사용하면 밝기 표현이 가능하다.

:: 영역별 표현방법

천의 움직임, 부드러운 형태 표현을 위해 그레이 톤을 이용하여 간단한 곡선적 형태의 음영처리를 한다.

물체의 하단부분, 천장부분은 어두운 톤으로 처리한다.

어두운 부분에 물체의 윤곽선으로 입체를 표현하고 동시에 밝은 부분은 흰색을 사용하여 밝게 처리한다.

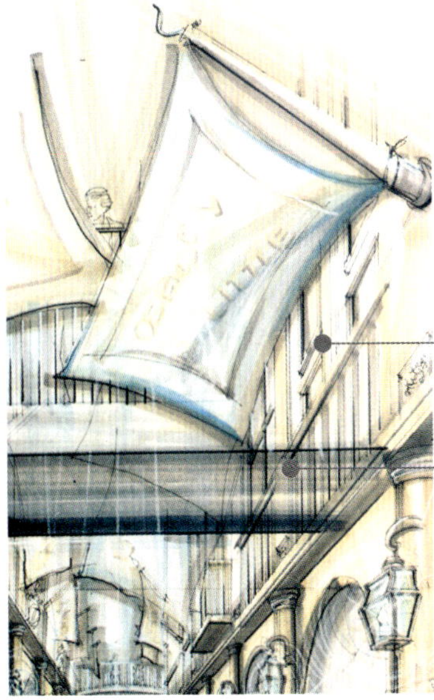

창호 프레임의 세부적 묘사와 윤곽선, 음영 연출로 사실감이 재현된다.

때로는 비치는 효과로 보이지 않는 부분을 강조할 수 있다.

뒤에서 앞으로 밝게 처리하여 원근감을 만들고 그림자의 형태를 삽입한다.

수직적인 기둥의 연장을 통하여 바닥 재료의 표현이 가능하다.

조명 및 사람과 같은 반복적인 형태는 가까운 거리에 위치한 형태를 세부적으로 묘사한다.

이처럼 색지(Color paper)를 활용할 경우 적은 양의 채색으로 렌더링을 쉽게 할 수 있다.

전체의 형태를 조합하면 다음과 같으며, 오래된 고전적 건물 내부로서, 경매를 위한 공간으로 새롭게 리모델링한 작품이다.

:: 부분적 렌더링 표현방법

회색 톤의 색지를 사용하여 밝은 부분은 흰색 색연필을 이용하여 표시하고 조경 및 기타 강조할 부분에 채색을 한다.

원거리에 음영을 강조하고 부분적 수직 터치법은 공간 내부의 높이감을 강조할 수 있다.

근거리의 표현은 다양한 굵기의 윤곽선을 활용하여 입체감을 만든다.

이와 같은 원거리의 유리 표현은 단순하게 렌더링하기도 한다.

약간의 그레이 톤을 사용하여 음영처리를 하고 전체적인 조화를 고려하여 꽃 등의 소품을 채색한다.

바닥부분만을 강조하여 렌더링 할 수 있다. 근거리의 바닥재료는 세부적으로 그 패턴의 재질감을 표현하여 묘사한 후, 곡선적 형태의 음영처리 효과를 넣는다.

이처럼 천장 및 바닥부분만을 강조하여 전체공간을 렌더링할 수 있다. 특히, 바닥의 재료 표현과 꽃, 나무 등 자연재료 요소의 강조만으로 전체 공간 디자인의 주제를 간단하게 표현할 수 있다.

동일한 형태의 디자인에 색지(Color paper)를 사용하지 않고, 흰색 켄트지 위에 전체 공간의 명암을 표현하면 다음의 렌더링이 된다. 이처럼 다른 느낌의 형태를 표현할 수 있다.

다음은 재료의 재질감을 강조한 사례이다. 색은 동일하며 채도가 다른 마카를 사용하여 재료의 바탕색을 만든 후 색연필을 활용하여 재질감과 음영을 연출한다.

유사한 재료에 다양한 색상을 활용하여 형태를 다르게 표현할 수 있다.

:: 다양한 렌더링 표현방법

아이디어 렌더링 스케치는 프리핸드(Freehand) 스케치 방법의 대표적인 훈련법으로, 다양한 형태의 아이디어를 간략하고 신속하게 표현할 수 있다.

아이디어 스케치에 의한 평면 레이아웃(Lay-out)은 대략적인 평면 스케일과 스케치법을 활용하여 단순하게 표현한 후 채색할 수 있다. 다음은 음영을 강조하고 부분적인 채색을 한 후, 컴퓨터로 스캔을 해서 내용을 삽입한 형태이다.

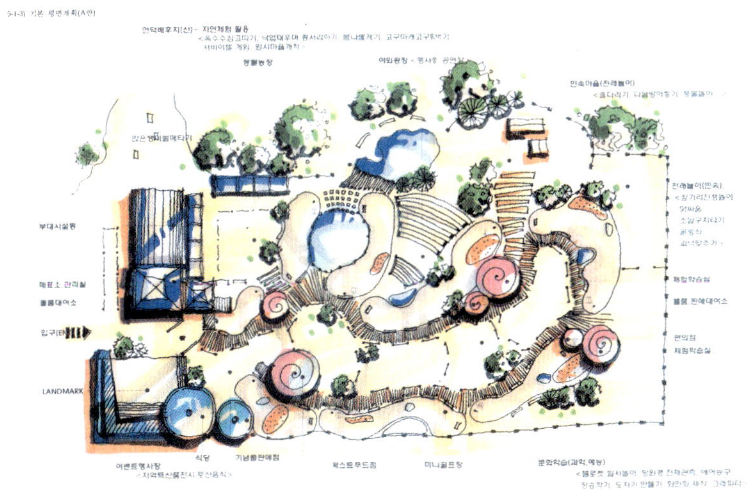

평면을 렌더링한 형태로 절단면의 벽체, 기둥은 어둡게 표시하고 바닥의 재질 표현은 전체 스케일(Scale)을 고려하여 묘사해야 한다.

입면도에 음영을 만들어 투시도와 같이 입체감을 표현할 수 있다. 물체의 음영은 물론 각 공간의 깊이와 부피감도 표현할 수 있다.

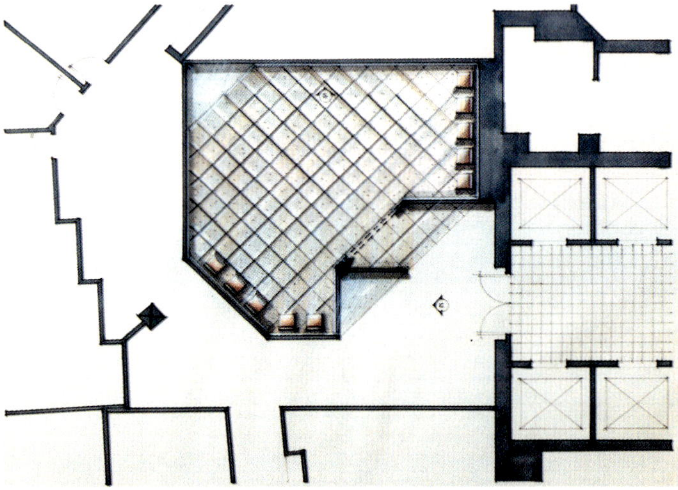

ELEVATION

SECTION

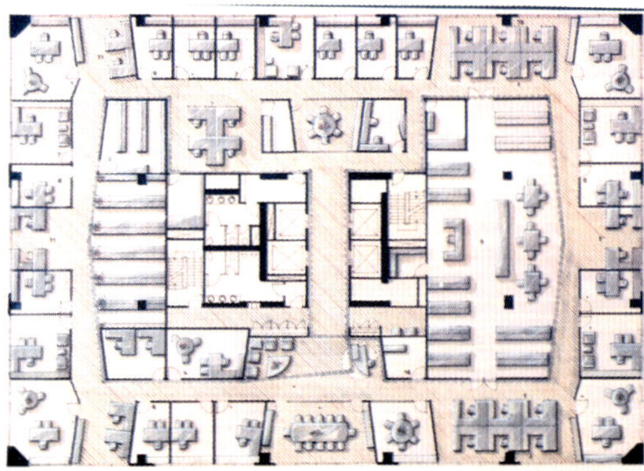

PLAN

1 RECEPTION
2 LARGE CONF.
3 SMALL CONF.
4 OFFICE MANAGER
5 CLERKS
6 SENIOR
7 PARTNERS
8 ASSOCIATE
9 LIBRARY
10 PARALEGAL
11 SECRETARY
12 CENTRAL FILE
13 SUPPLY
14 COFFEE
15 MAIL
16 WORD PROCESS

ELEVATION

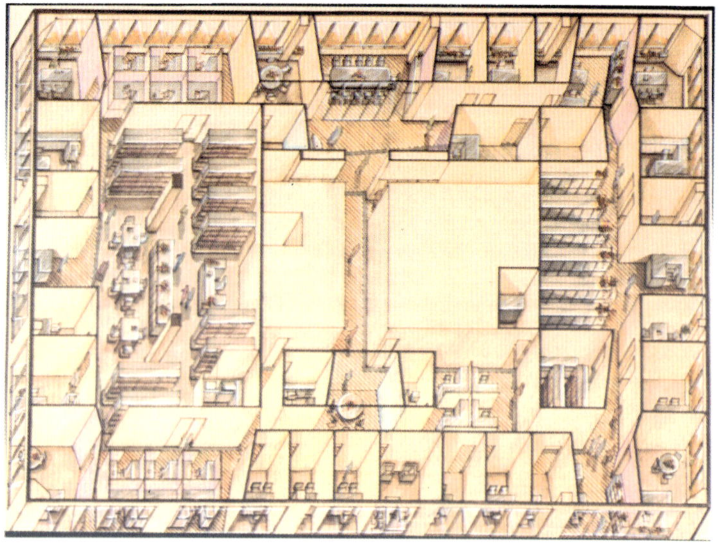

여러 층이 함께 있는 단면도의 경우, 상하, 좌우 공간의 내부구조를 보여주기 위한 형태로 각 공간의 세부묘사 이전에 전체 공간의 조화를 고려해야 한다. 기본적인 재료 및 가구 등 실내요소의 대략적인 이미지 표현이 중요하다.

바닥재료의 색채 및 재질감이 잘 표현된 작품으로 중요한 디자인 요소만을 강조하기 위해 바(Bar)와 가구 위주의 채색을 보여준다.

VIEW OF RESTAURANT

공간 내 전체 형태를 표현하기 위해서 1~2가지 색채만으로도 사물의 형태 표현이 가능하며, 디자인의 주제를 강하게 표현하기도 한다. 공간의 원근감, 속도감 표현이 잘 된 투시도이다.

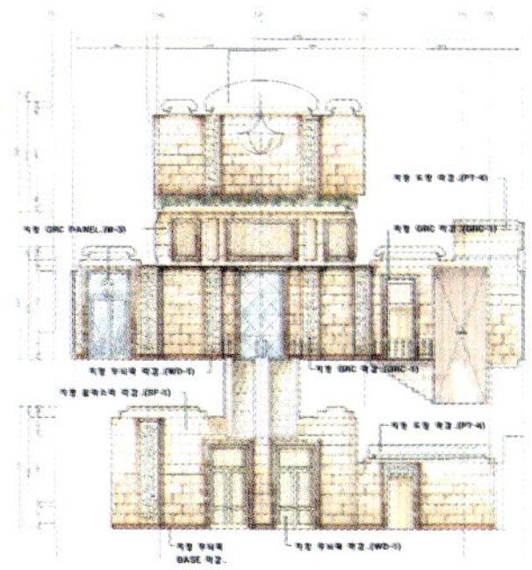

ELEVATION 1

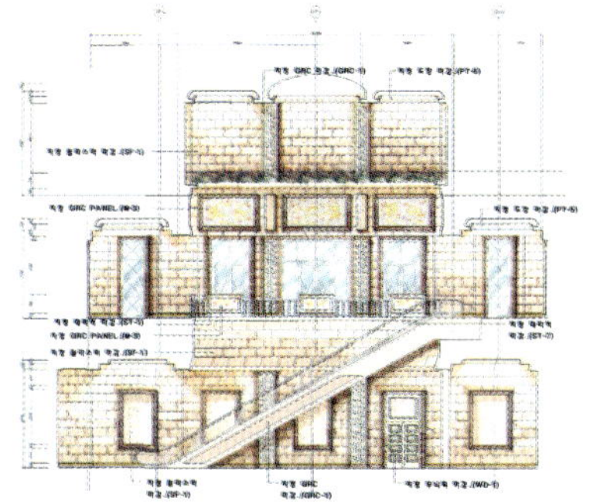

ELEVATION 2

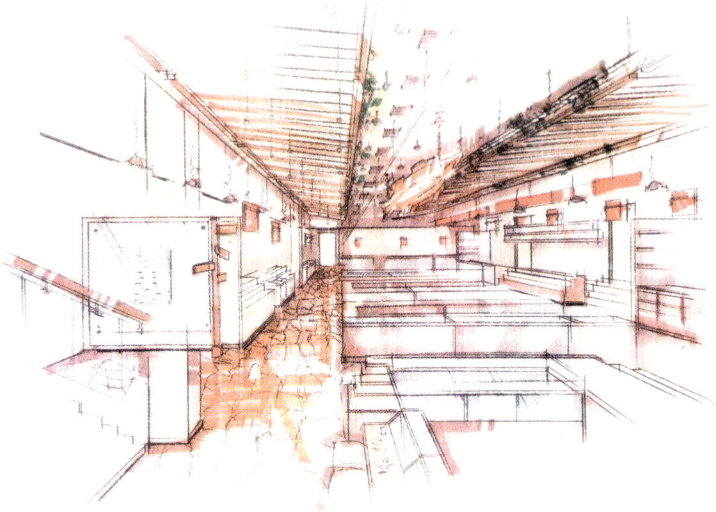

View of
RESTAURANT

VIEW OF
EXTERIOR

VIEW OF
EXTERIOR

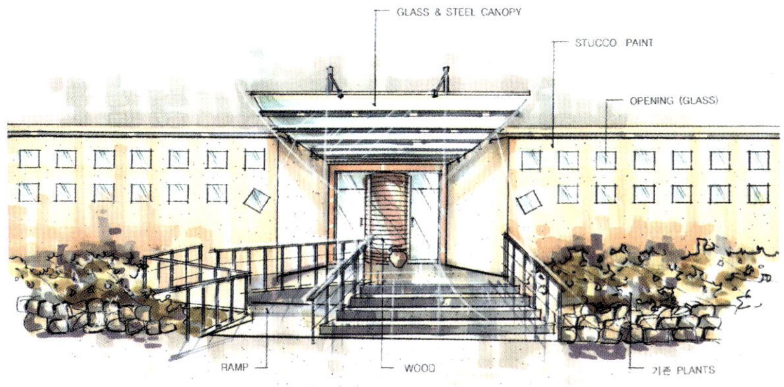
GLASS & STEEL CANOPY
STUCCO PAINT
OPENING (GLASS)
RAMP
WOOD
기존 PLANTS

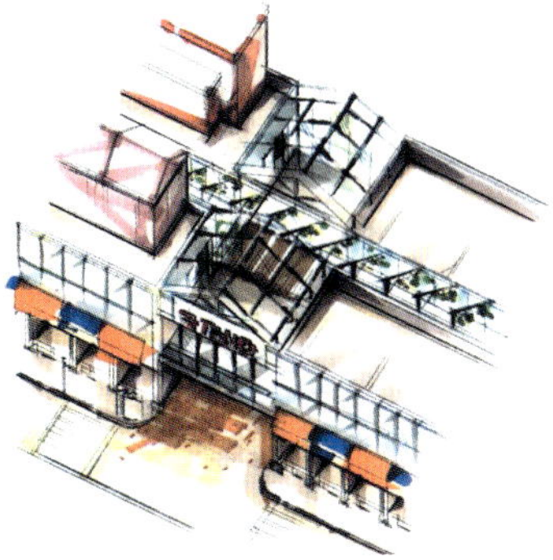

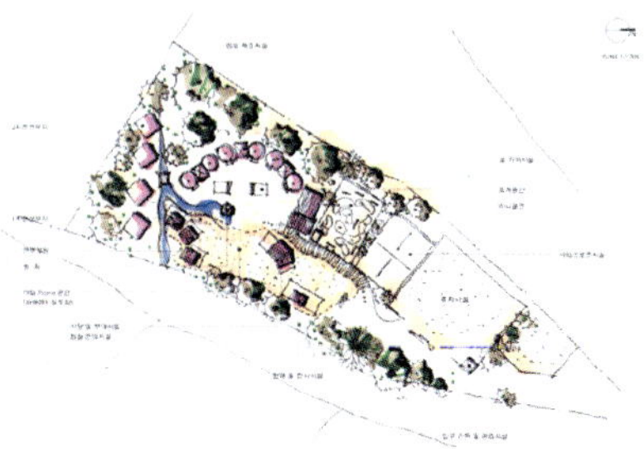

:: **공간별 렌더링(Rendering) 표현방법**

트레이싱 페이퍼(Tracing paper) 혹은 벨륨(Velum)을 사용하여 투시도를 그릴 경우, 번지는 효과와 자국이 많이 생길 우려가 있어 뒷면에 마카를 채색하기도 한다.

주거공간의 투시도는 색채와 재료의 혼합 표현을 강조하기 위해 개성 있는 분위기 연출이 필요하다. 렌더링의 효과에 따라 부드러운 분위기 연출이나 정반대의 효과가 나타날 수 있다.

패션 숍(Shop) 등의 상업공간은 실제 디스플레이되거나 사용되어지는 소품의 실제 표현 테크닉과 전체 공간과의 조화가 무엇보다 중요하다.

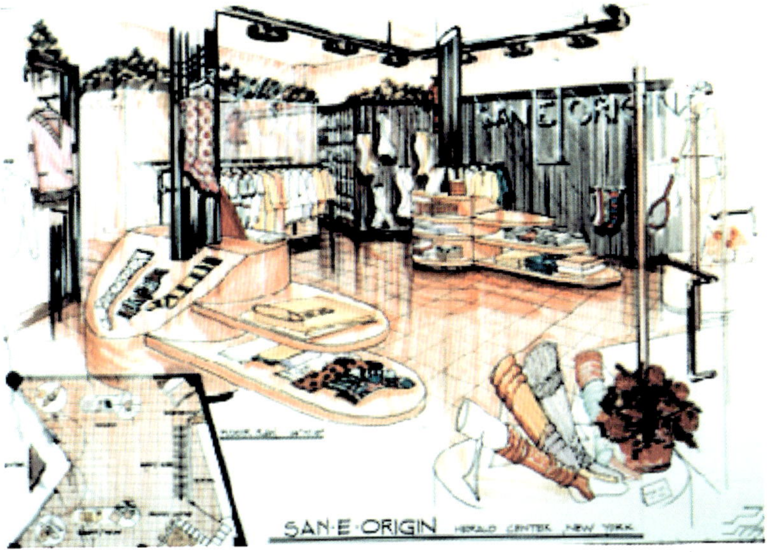

백화점과 같이 사람이 많이 모이는 공간 내부의 사실적 표현을 위해 스케일, 사람의 형태에 색채 표현을 하기도 한다.

사무공간의 맞이하는 리셉션(Reception) 공간은 재료 및 공간의 형태적 표현이 강조되기도 한다.

전체의 색조와 어울리는 종이를 선택하여 야광 또는 다양한 조명의 형태를 표현할 수 있다. 아래의 형태는 무대가 있는 나이트클럽의 형태로 우측의 마감재가 공간 내부에 사용되어진다.

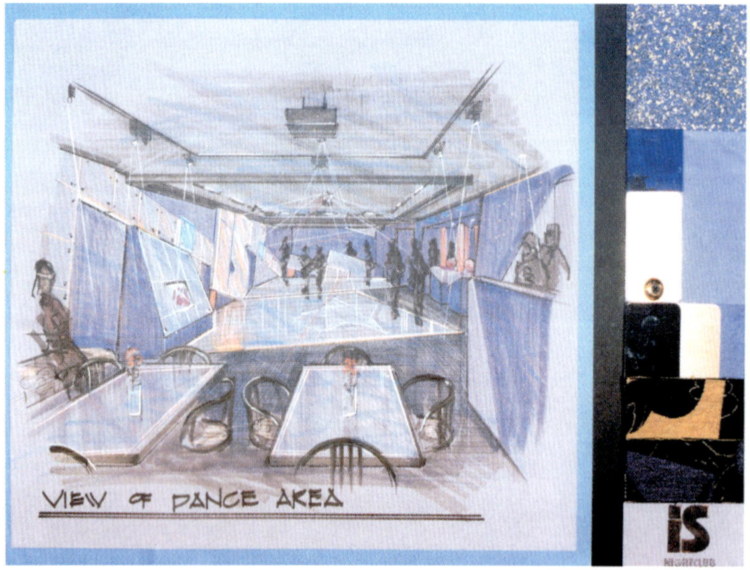

각 공간을 효과적으로 표현하기 위해 다양한 형태와 묘사를 사용한다.

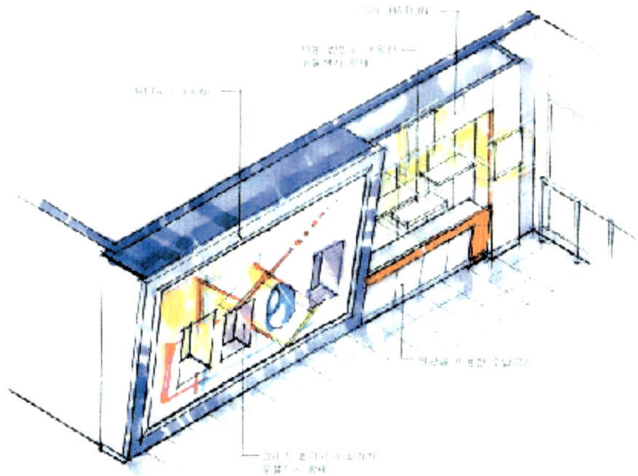

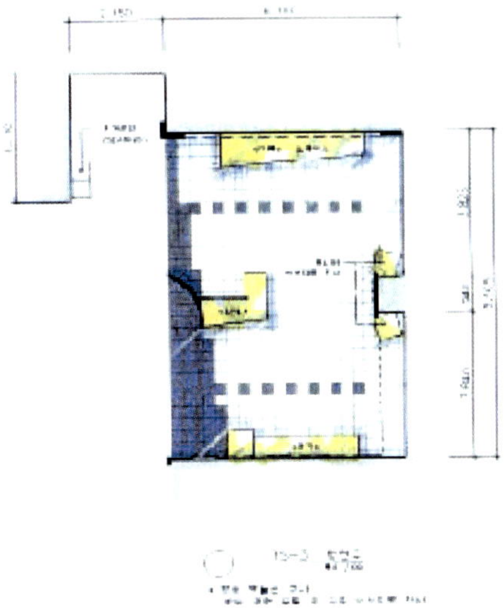

전체 색조에 명함대비를 통하여 공간의 중후함을 연출하기도 한다.

각 공간의 중요한 요소만을 표현하기 위해 색채와 빛의 다양한 효과를 연출하기도 한다.

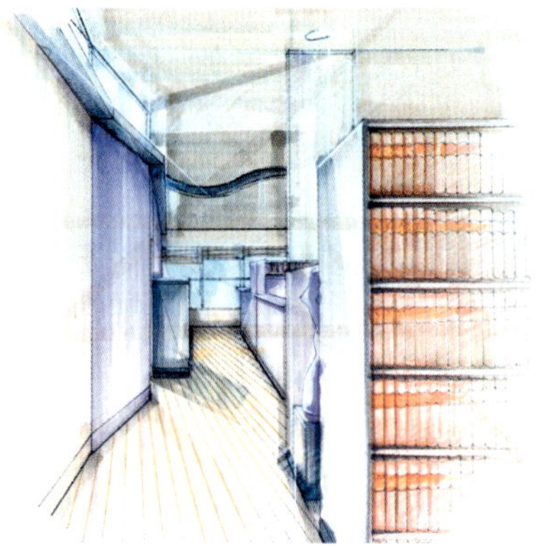

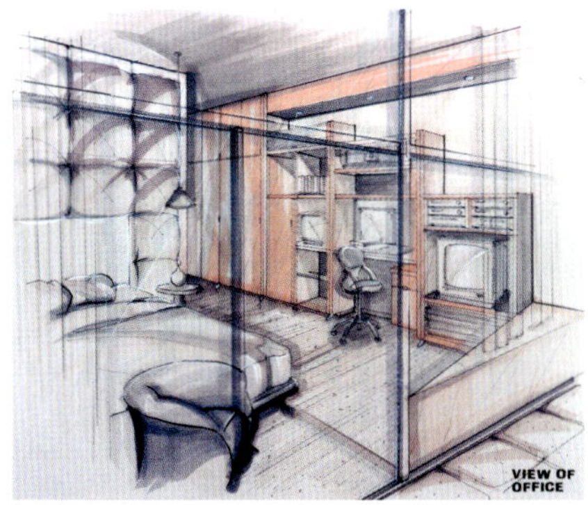

평면과 투시도에 같은 색조를 사용하여 강조하기도 한다.

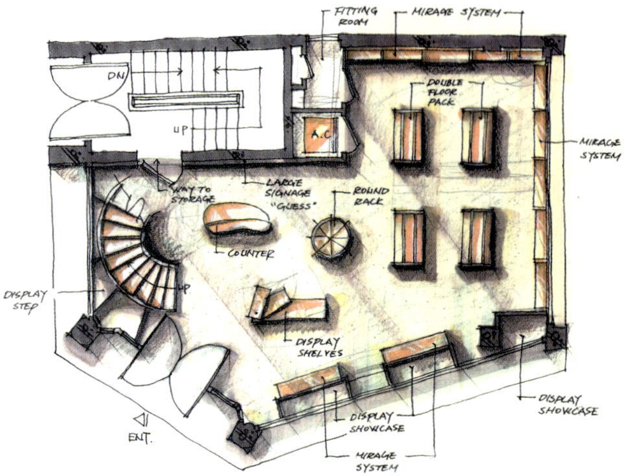

외부 투시도의 경우에도 건물의 재료, 재질과 디자인의 방향 및 주변환경의 분위기에 따라 다르게 연출된다.

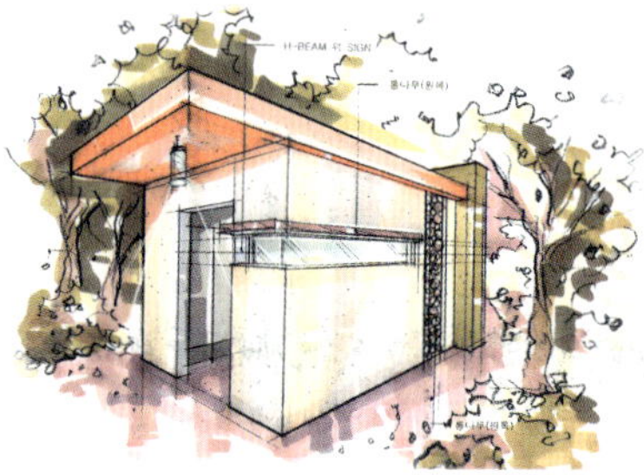

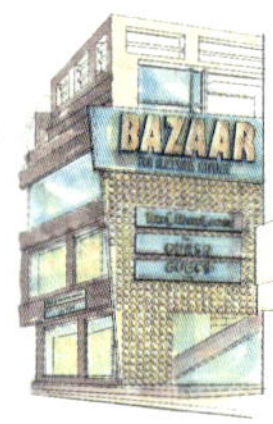

스케치와 디자인

■ 대상물의 형태와 구조는 단순하게 보이지만 복잡한 형태의 구조체로 구성되어 있다. 스케치는 이러한 대상물의 본질을 정확히 파악하여 빠르고 사실적으로 표현해야 한다.

이 장은 전반적인 스케치에 필요한 선, 모양, 비례, 명함 등 기초적인 프리핸드 스케치(Freehand sketching)의 다양한 표현방법을 이해하는 것이다. 특히 투시도 형태에서 주제를 묘사하고 표현하는 능력을 연습하는 것을 목적으로 하자.

:: 연필로 스케치하기

연필선의 강약은 연필심의 단단한 정도, 심의 상태, 누르는 힘의 정도, 사용하는 종이의 재질에 따라 다르게 표현된다. 스케치용은 제도용 연필(HB, B, 2B)과 다르게 4B 이상의 두껍고 무른 재질의 연필을 사용한다. 명함과 그림자를 강하게 표현하기 위하여 목탄을 사용할 경우도 있지만, 최근에는 컴퓨터를 활용한 다양한 재료의 표현방법이 개발되고 있다(photoshop 등).

다음의 그림은 연필을 사용하여 부드럽고 일관된 시각과 느낌을 표현한 작품이다.

연필을 사용하게 되면 명암을 빠르게 표현 할 수 있으며 아주 섬세한 디테일(Detail)의 표현도 가능하게 한다.

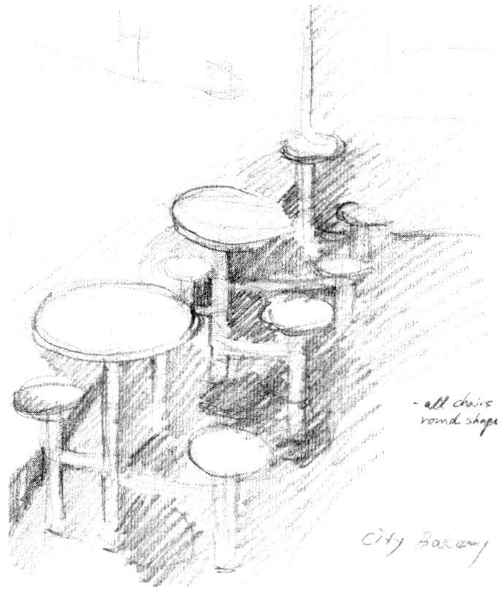

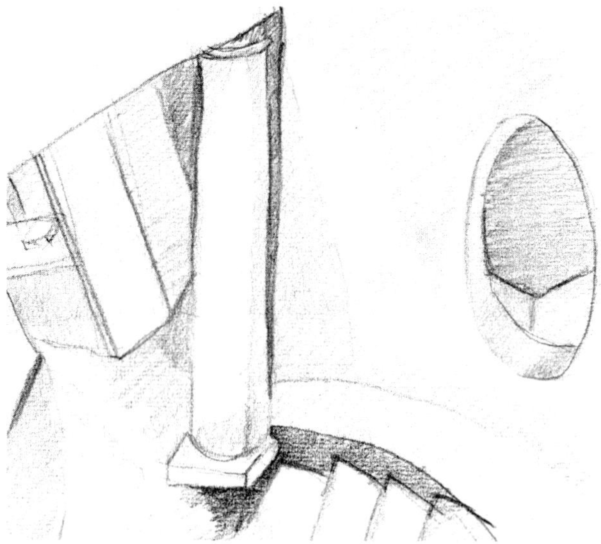

평면의 형태도 다음 그림과 같이 3차원의 형태로 스케치할 수 있다.

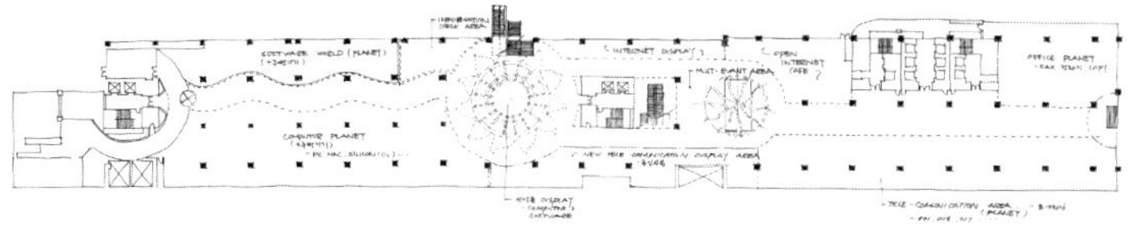

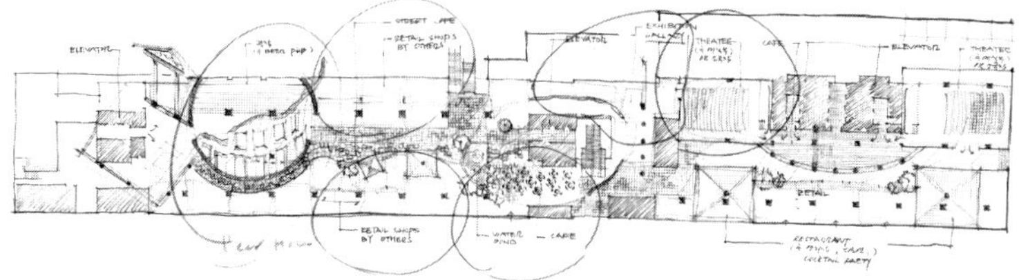

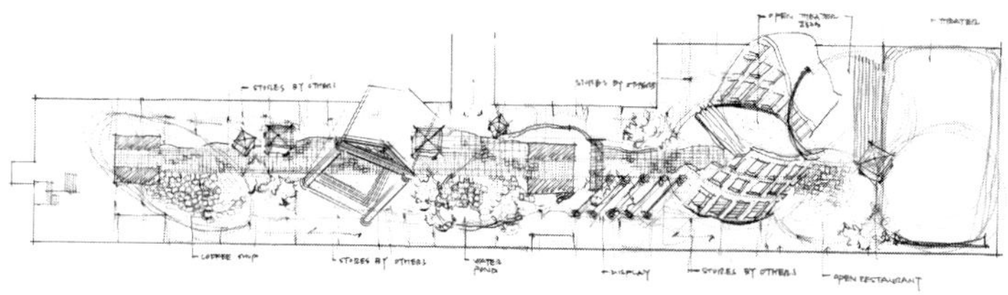

사물의 외곽형태를 따라서 그리는 아웃라인(Out-line) 기법은 스케치와는 다르게 비례감은 물론 다양하고 새로운 형태에 대한 많은 연습이 필요하다.

:: 펜으로 스케치하기

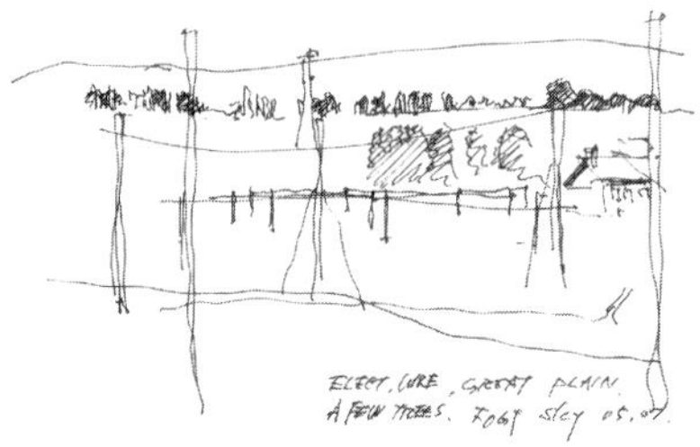

펜과 마카는 디자이너가 이미지 표현 및 개념 묘사를 위하여 표현 전달매체로 많이 사용한다. 특히 디자인 초기과정에서 자연스럽게 이미지를 결정하는데 중요한 역할을 하기도 한다.

일반적으로 대부분의 펜들은 연필을 사용할 때와 달리 힘을 주지 않고도 부드럽고 유동적이며 자연스러운 선을 표현할 수 있다.

펜은 연필과 함께 움직이는 장소나 공간을 빠르게 스케치 할 때 사용하기에 적당하다. 위의 그림은 간략하면서도 빠르게 사물의 윤곽을 표현한 것으로 세부적인 스케치에 비해 매우 표현이 강하고 풍부하게 보여질 수 있다.

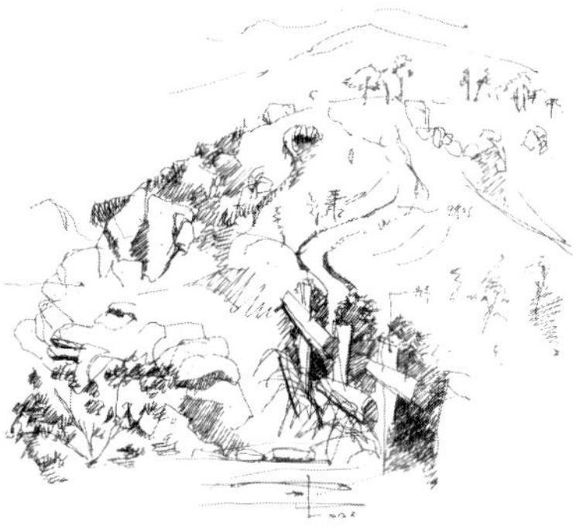

스케치를 잘 하기 위해서는 내부 뿐만 아니라 외형적인 요소 혹은 시간에 관계없이 작업시간 외에도 여행 등을 통하여 꾸준한 연습을 해야 한다. 도로를 지날 때 시각적인 진행과 주변상황의 연계성을 빠르게 표현하는 연속 스케치 연습도 필요하다.

공간에 위치한 사람, 사물, 장소 등 모든 요소를 단순한 물체로써 느끼면 투시도의 내면적 주제의 느낌과 특성이 달라진다. 특히 펜의 터치와 빛, 그림자 등의 명암에 따라 투시도의 해석이 달라질 수 있다.

건물의 외형 스케치에 있어서 사람, 교통매체, 자연 등을 활용하면 형태의 대략적인 규모를 추측할 수 있을 뿐만 아니라 생동감 있는 분위기를 연출할 수 있다.

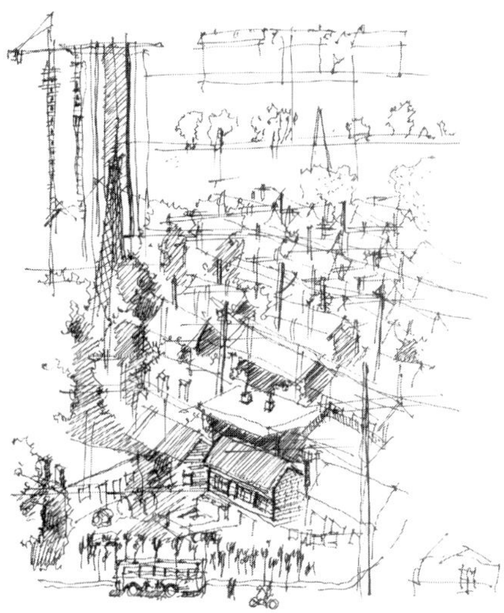

여행을 통한 스케치 연습은 순간순간의 장면과 느낌을 포착하기 위해 시간과 장소에 대한 강한 아이디어와 실제적인 기억을 불러일으켜 새로운 가능성에 대한 전문성을 열어 주기도 한다.

순간적인 포착 후에 스케치 외형을 표현하는 것은 공간적 비례와 기본적 투시도의 원리를 이해하는데 도움이 된다.

스케치의 또 다른 방법으로 관찰을 통하여 메모와 같은 간단한 스케치를 할 수 있는데, 이것은 디자인하는데 있어서 중요한 사항들을 강조하거나 기억하는데 도움이 된다. 다음의 그림은 재료에 대한 표현으로서 빠르게 주요한 부분을 기록하여 스케치를 그린 형태이다.

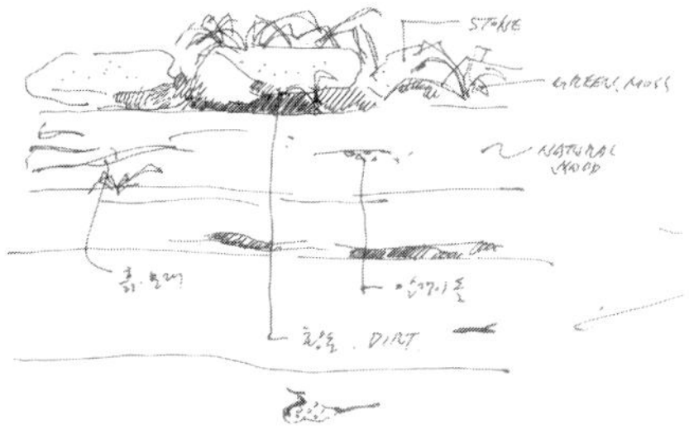

대상물을 바라보는 위치에 따라 공간이 의미하는 주제에 대한 특징과 느낌이 다르게 표현될 수 있다. 좌측의 스케치는 표면 내에 여러 선을 겹쳐서 질감, 색조 등의 명암을 잘 표현하고 있다.

고전적인 형태 혹은 묘사가 어우러진 다양한 디자인 요소도 연습하면 공간을 사실적으로 만들 수 있으며, 다음 그림과 같이 펜을 활용한 평면형태의 디자인도 가능하다.

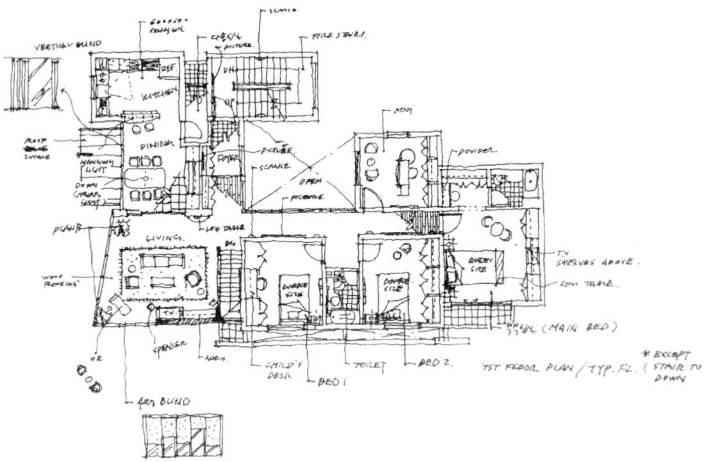

펜을 활용한 강렬한 명함 연출도 가능하다.

부 록

예제 1 | 1소점 투시도

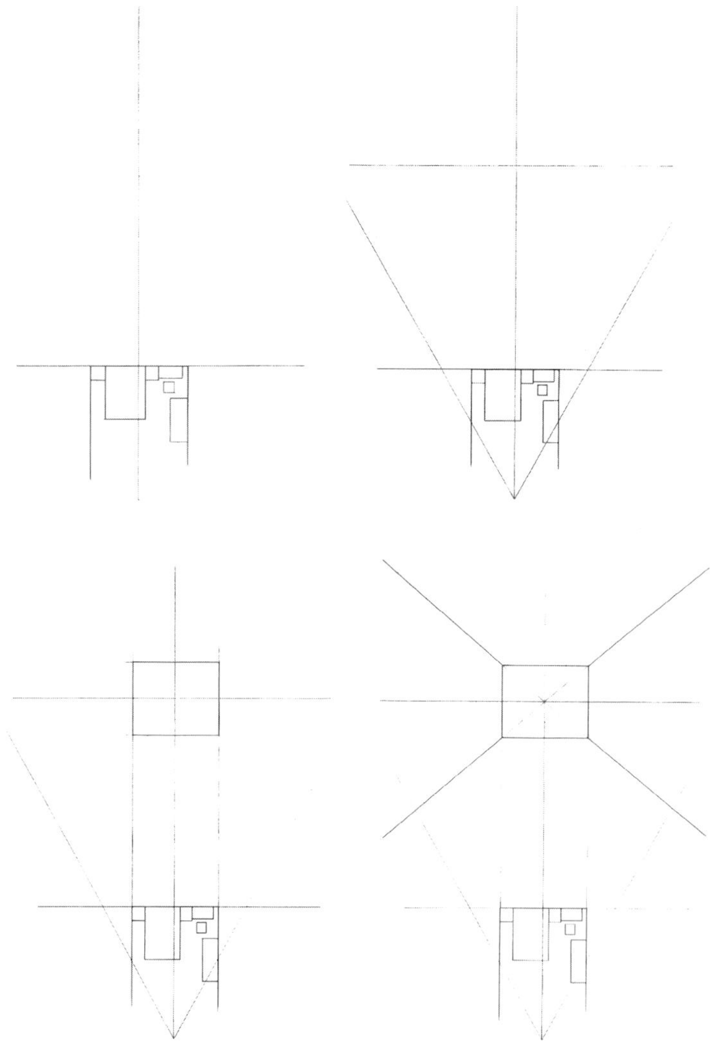

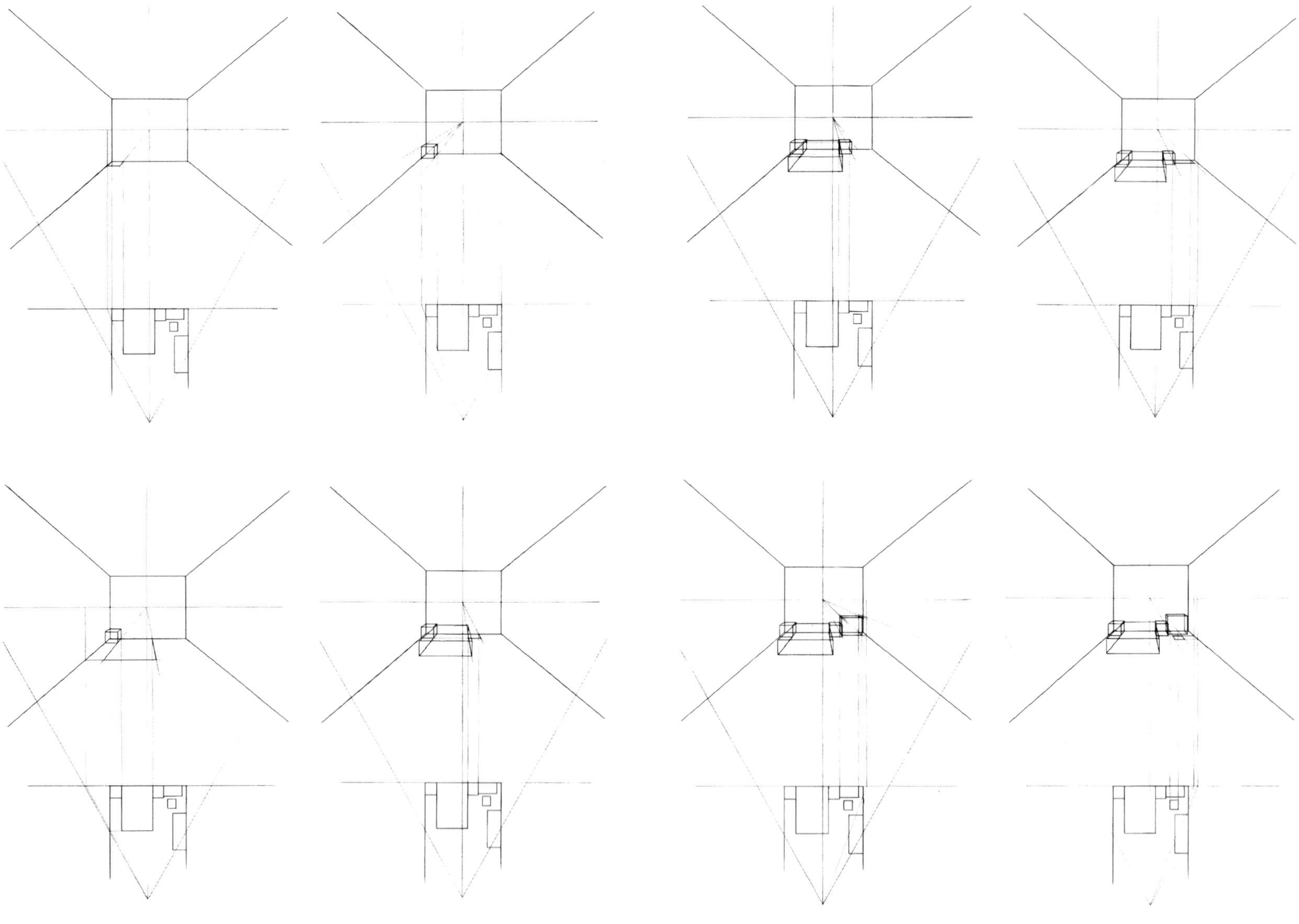

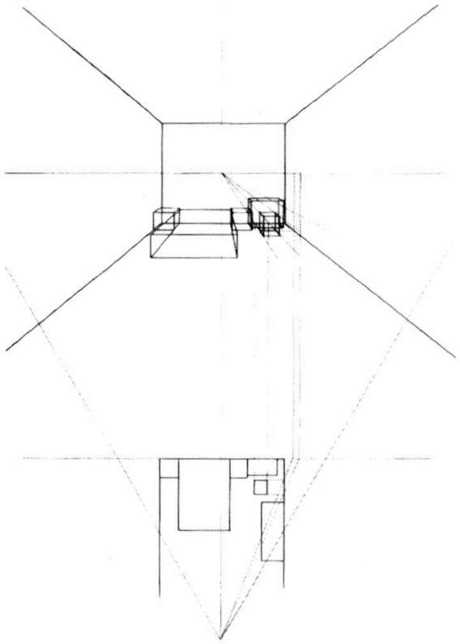

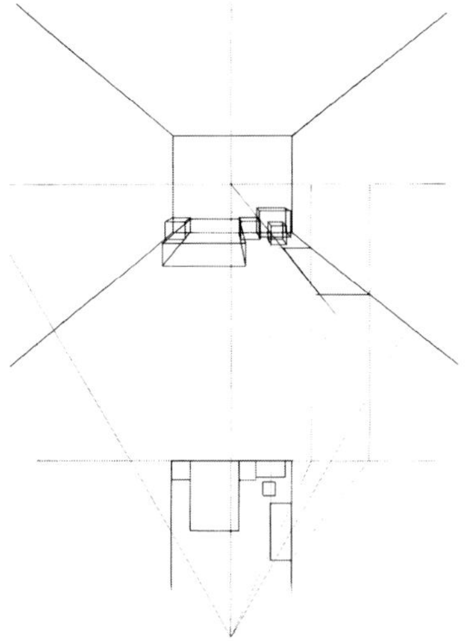

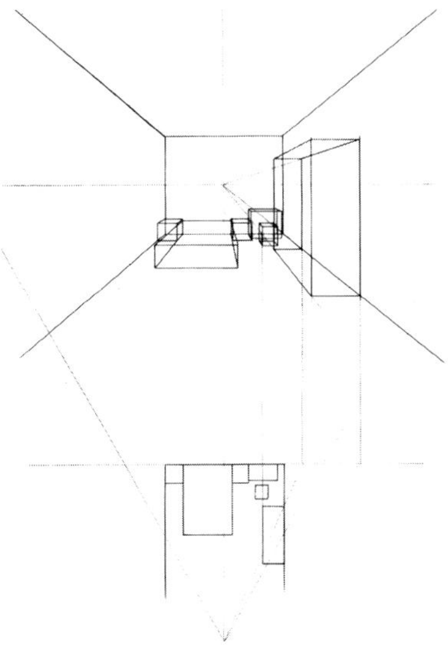

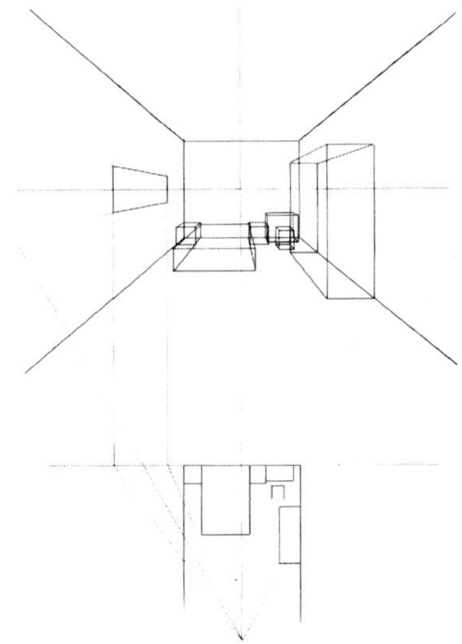

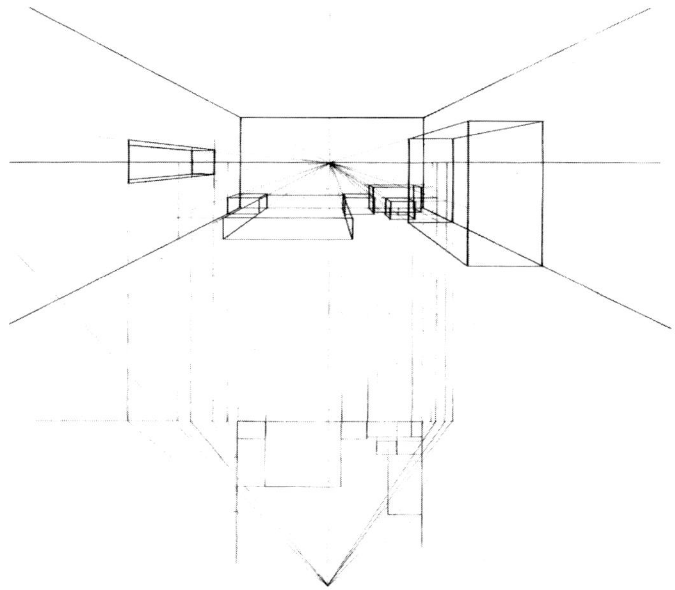

예제 2 | 2소점 투시도

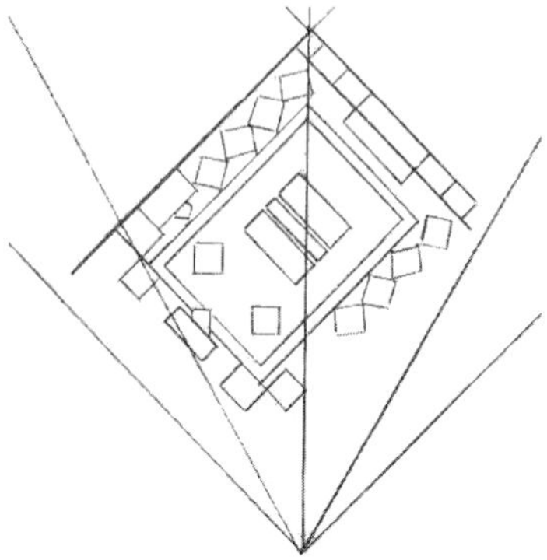

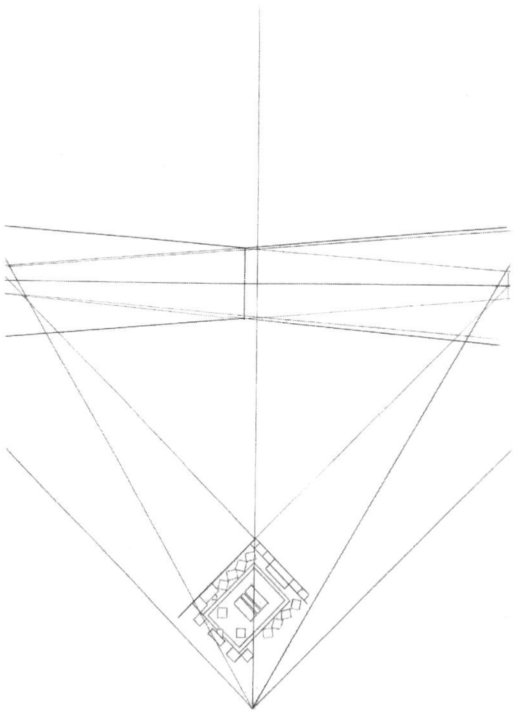

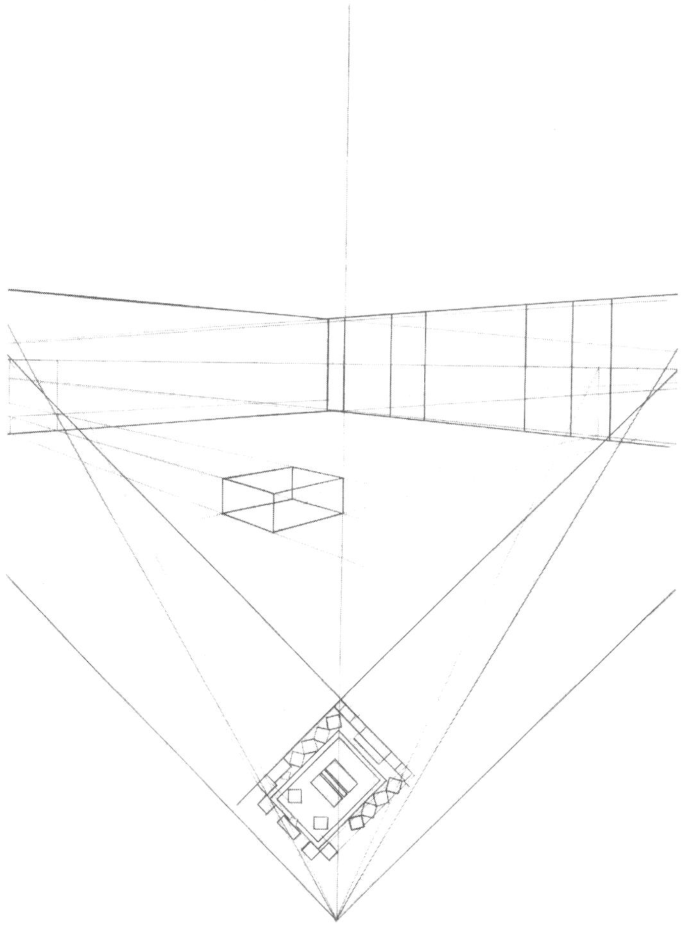

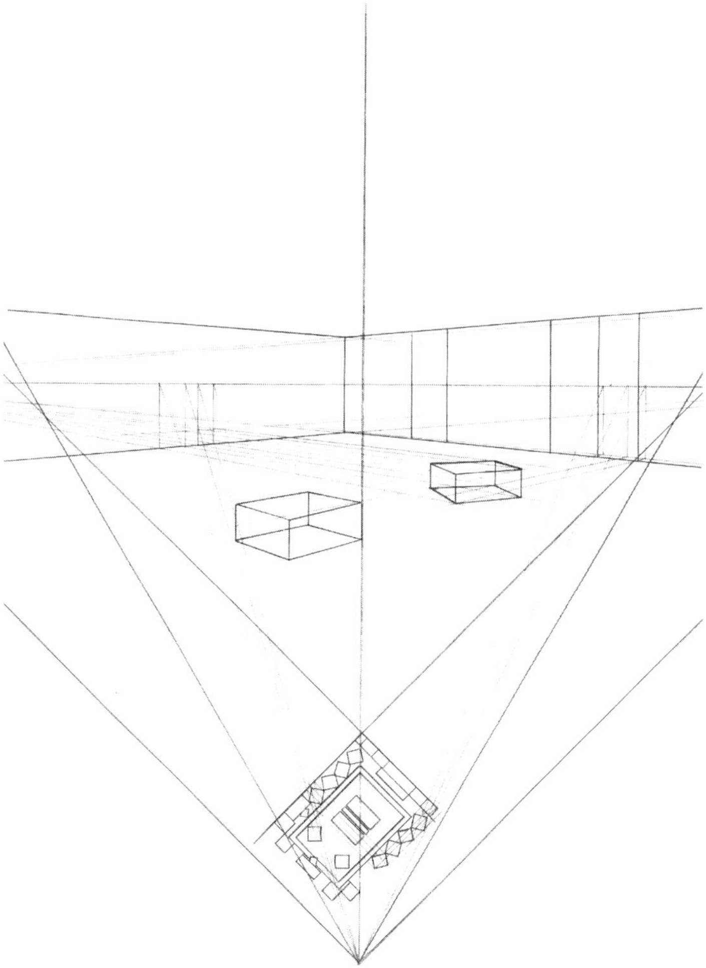

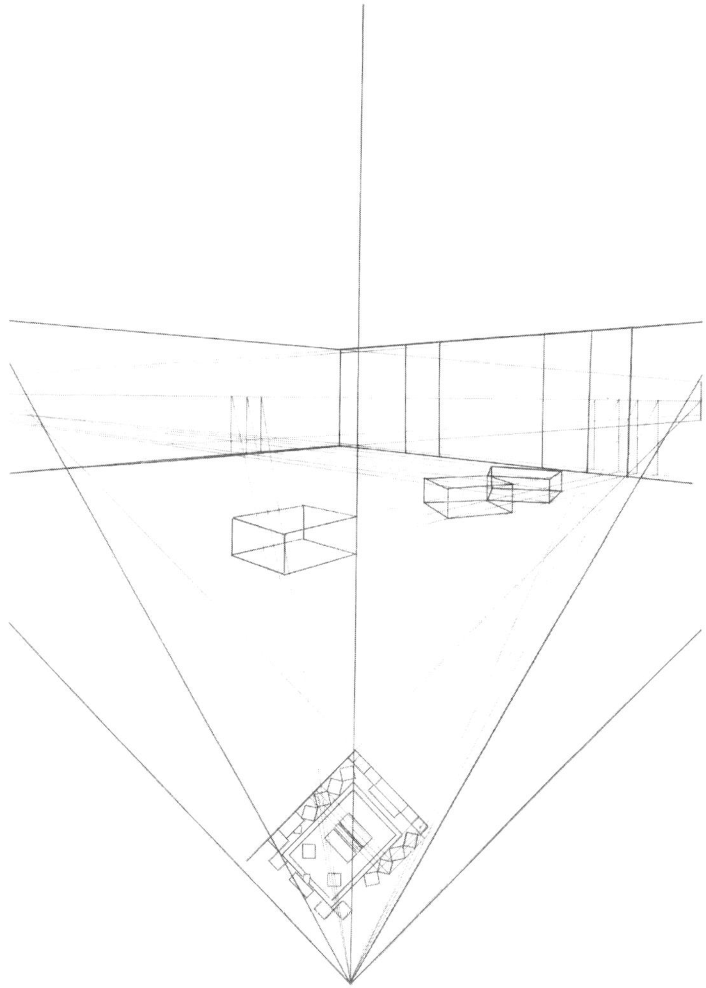

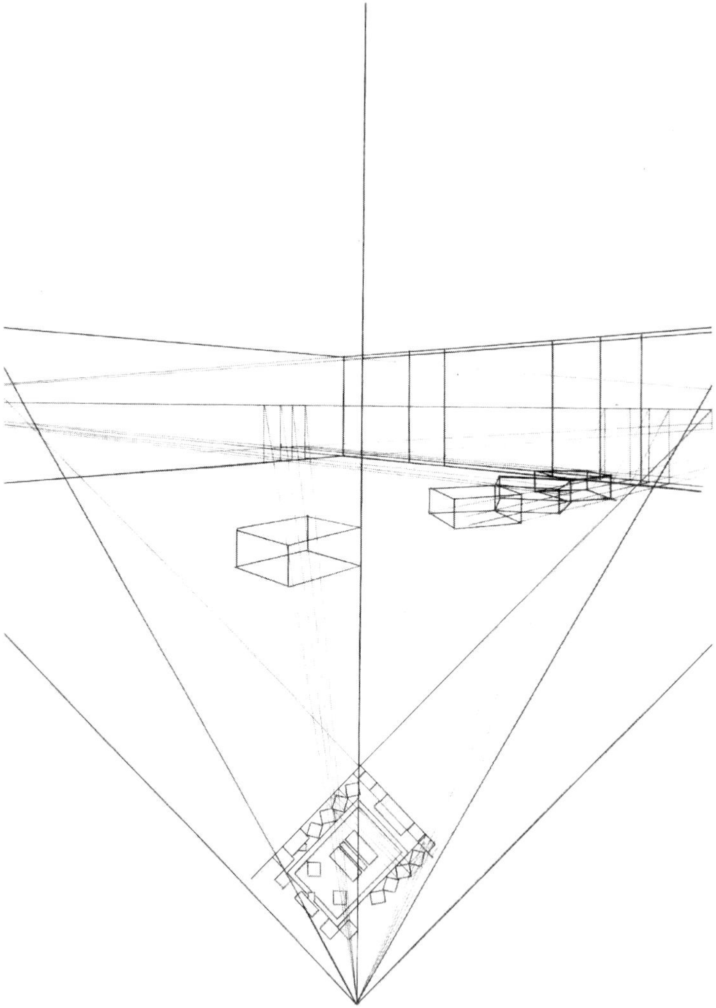

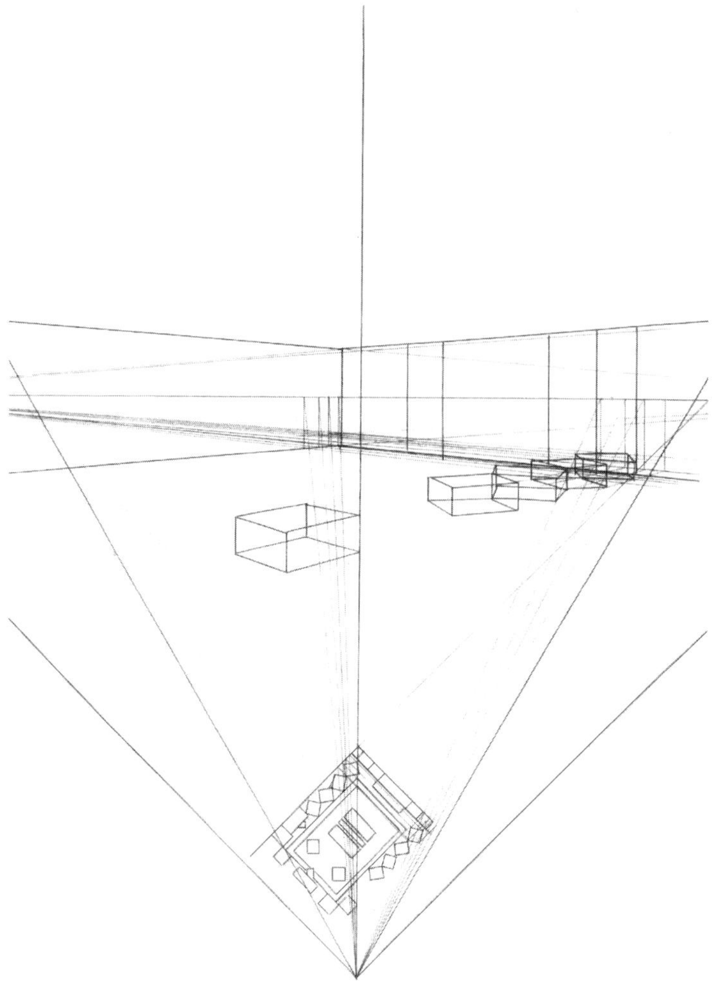

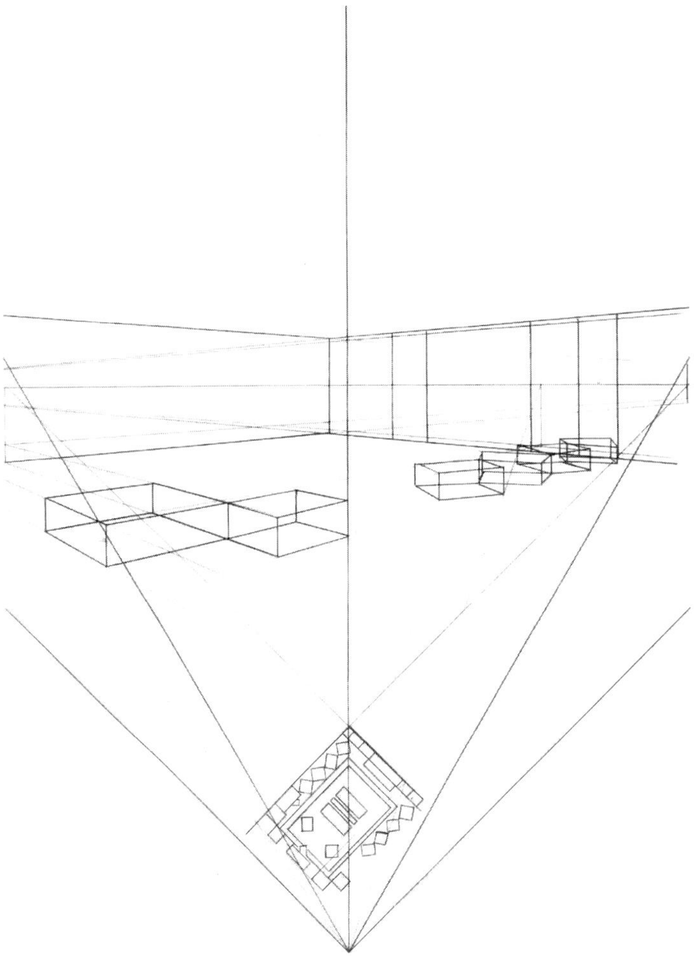

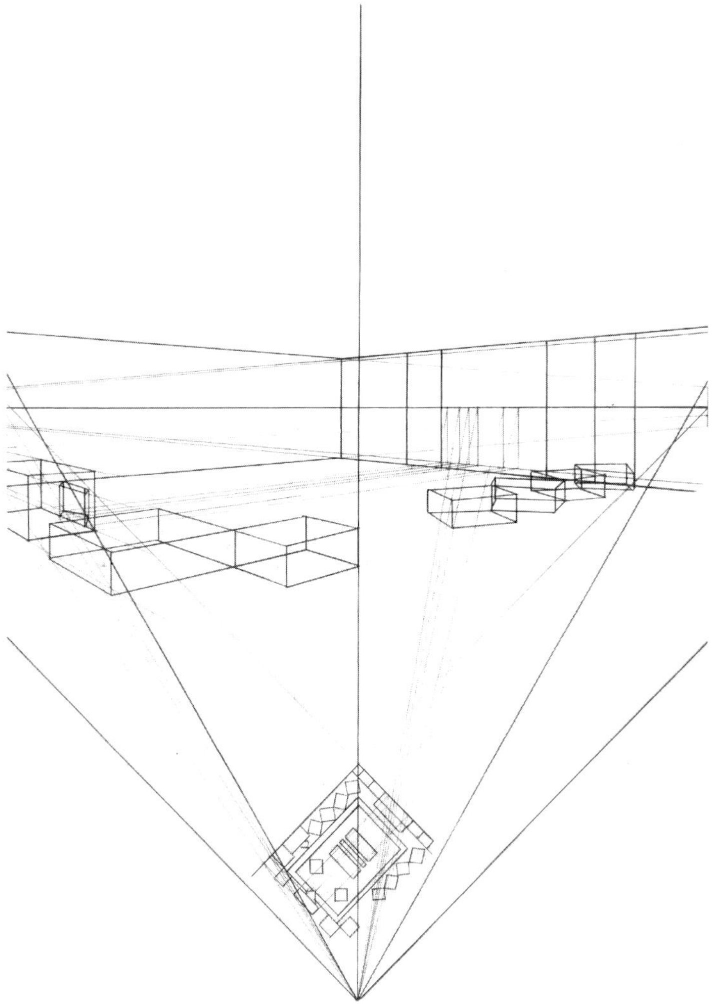

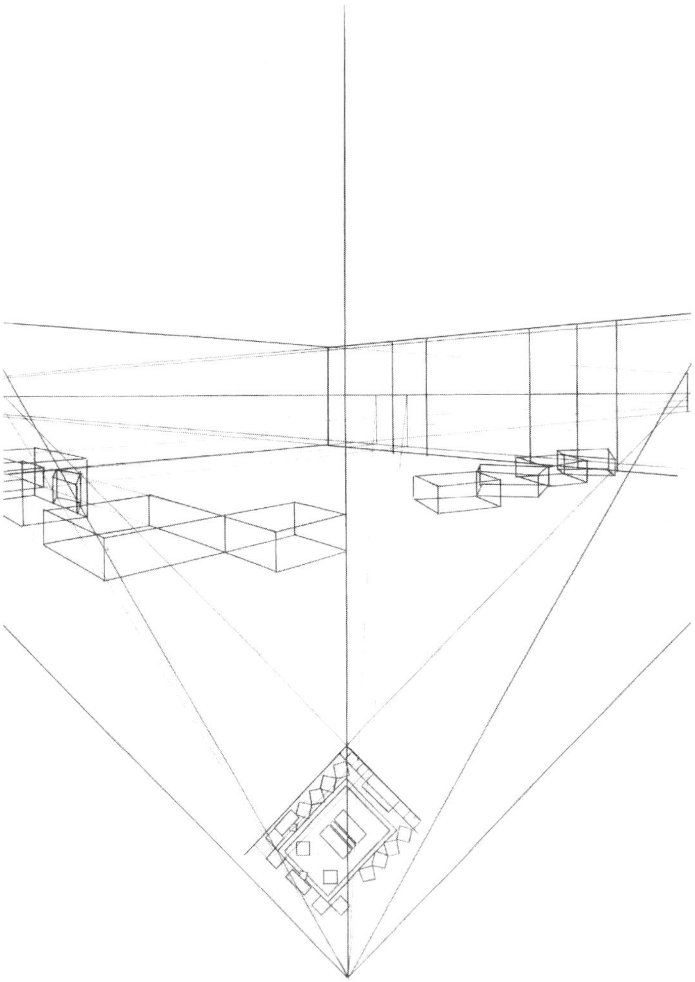

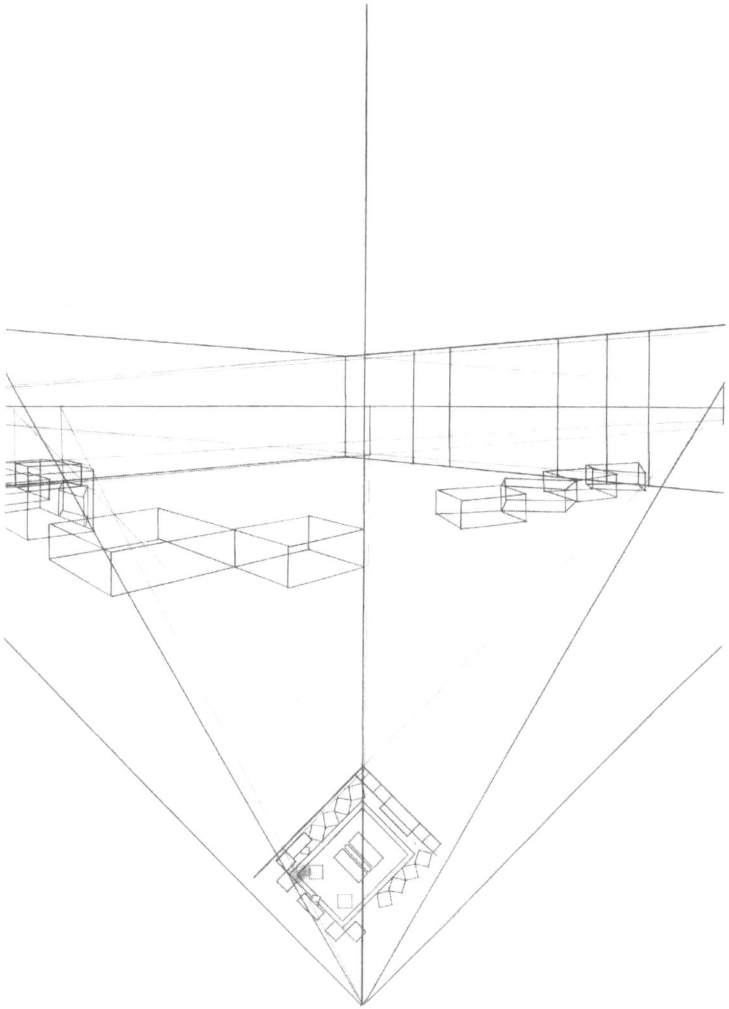

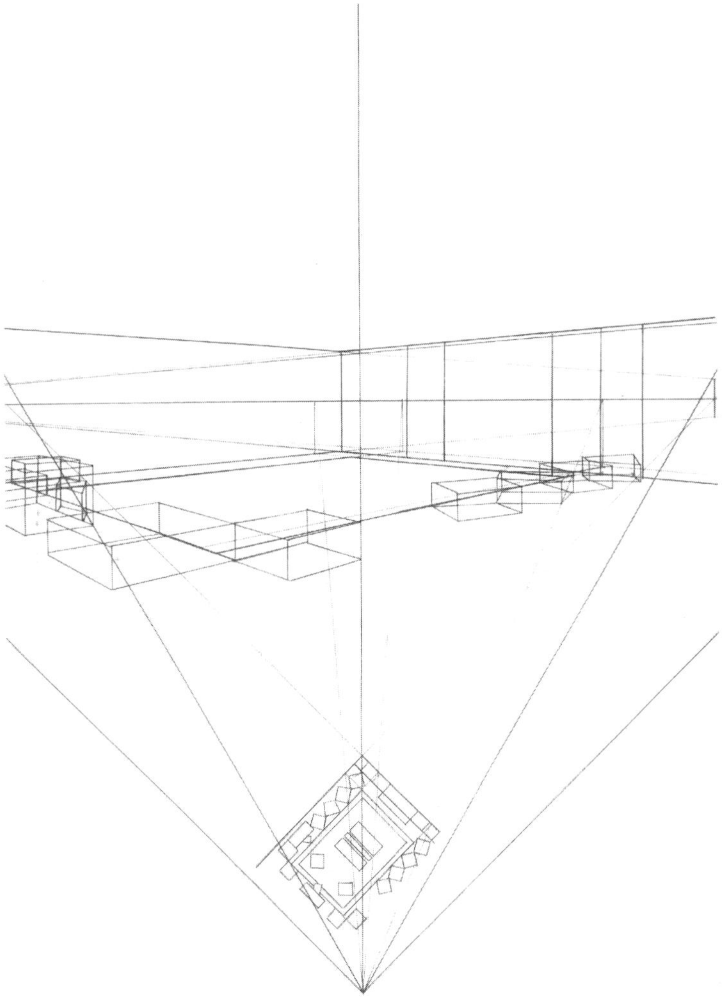

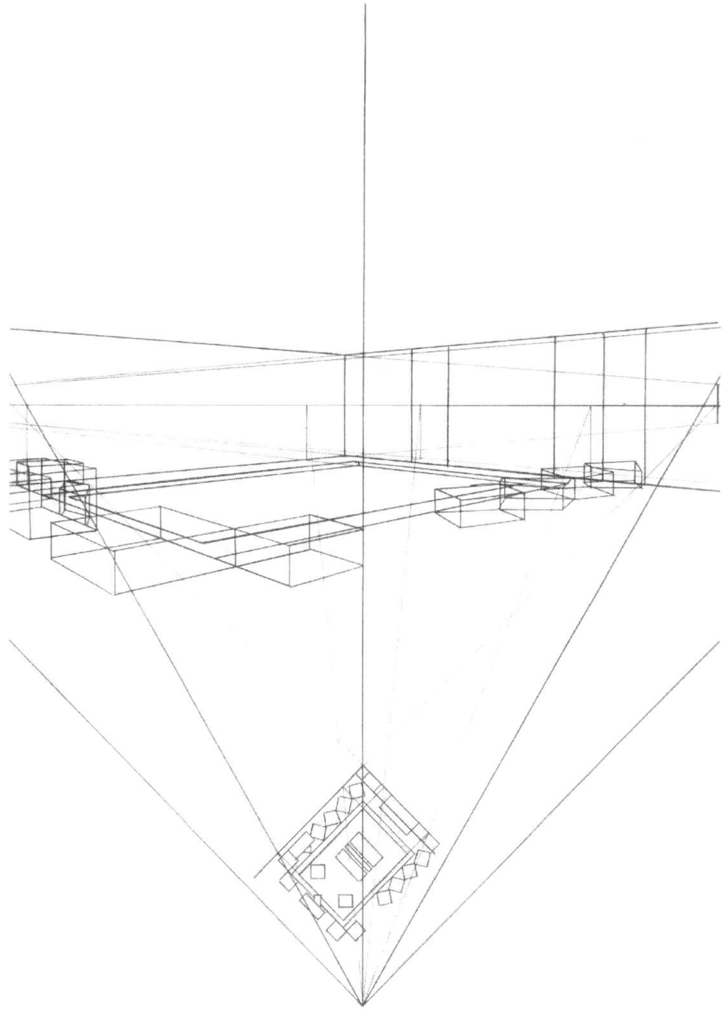

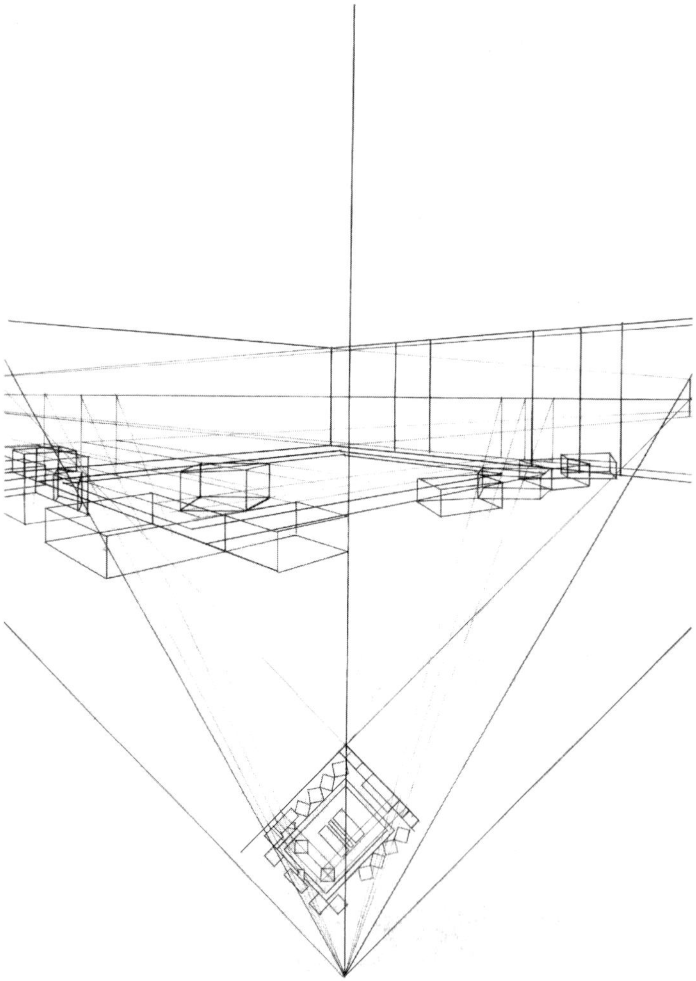

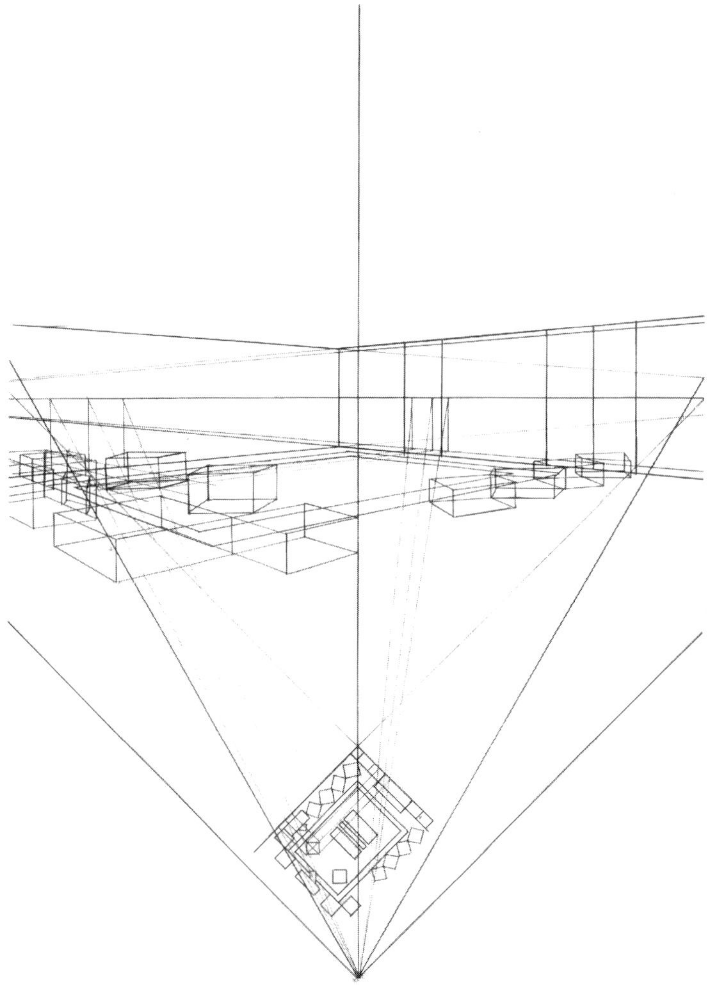

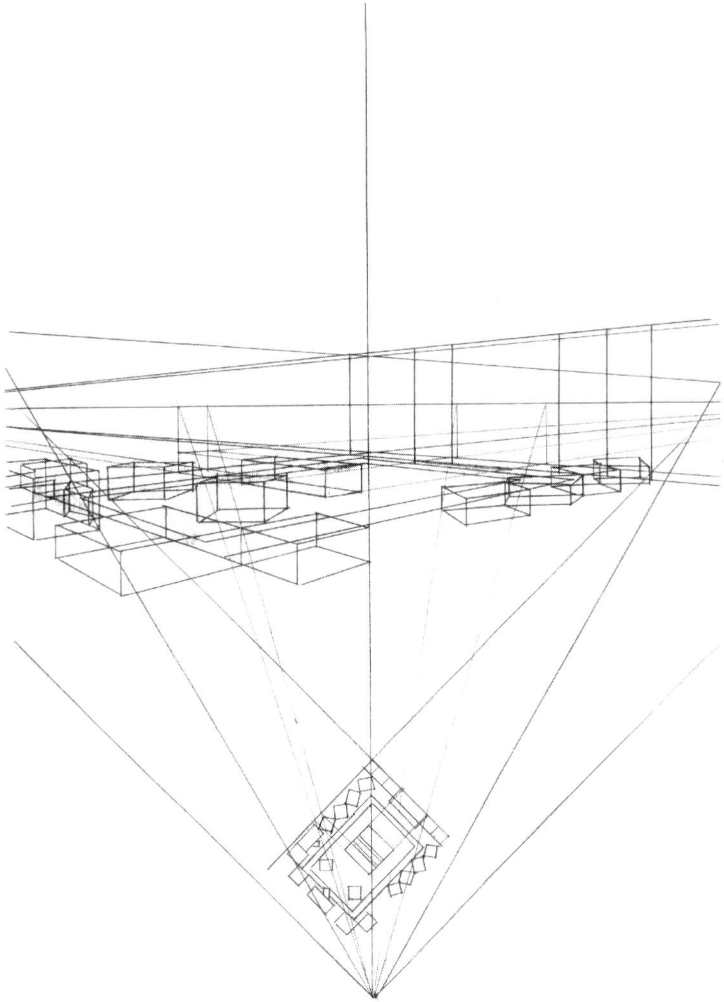

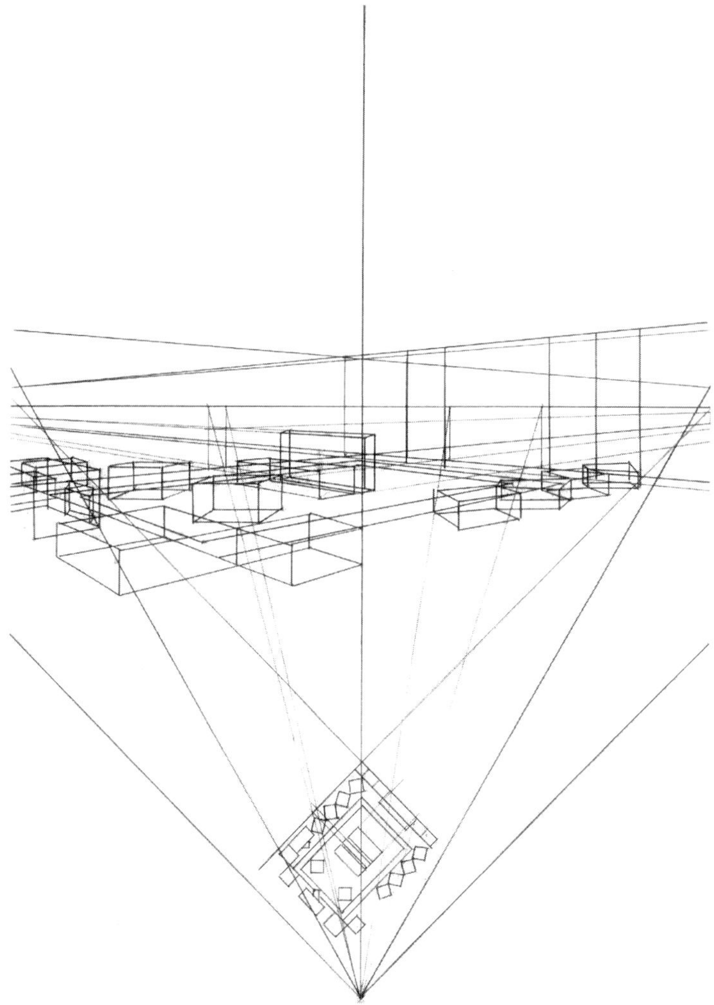

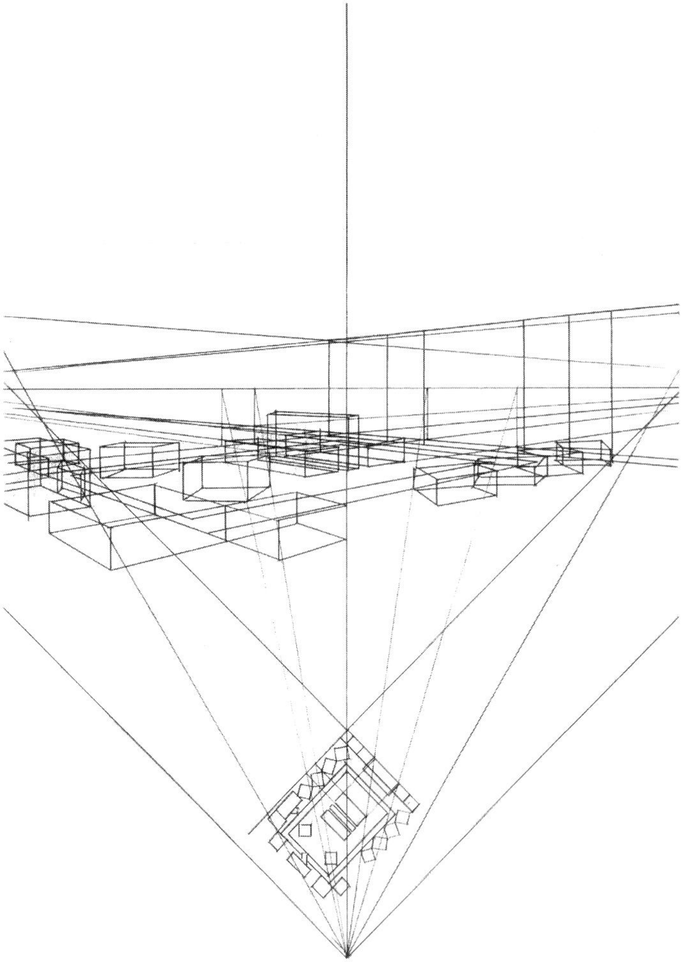

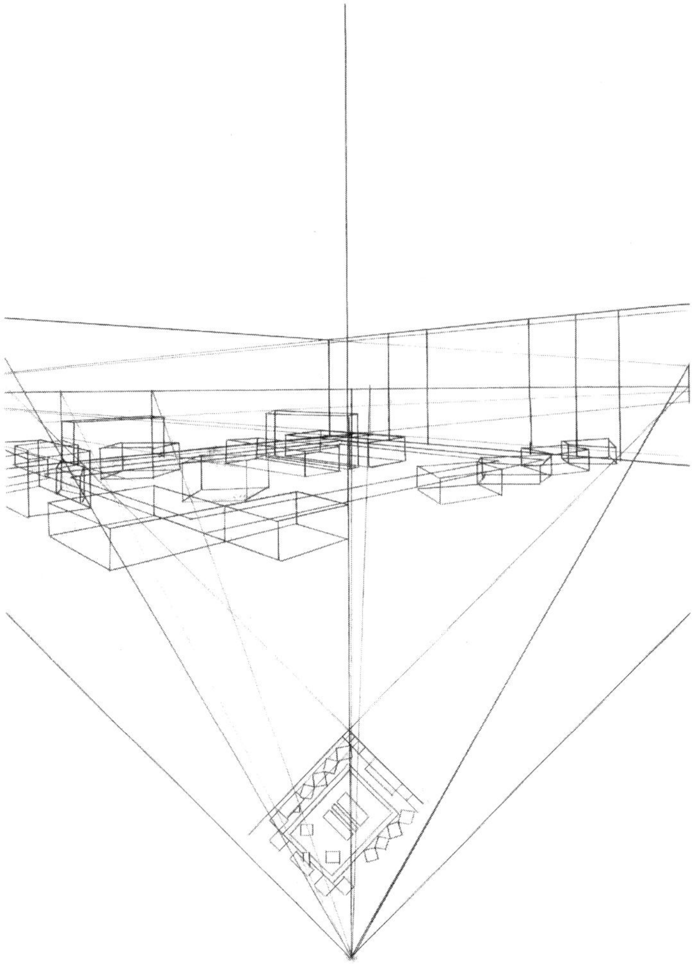

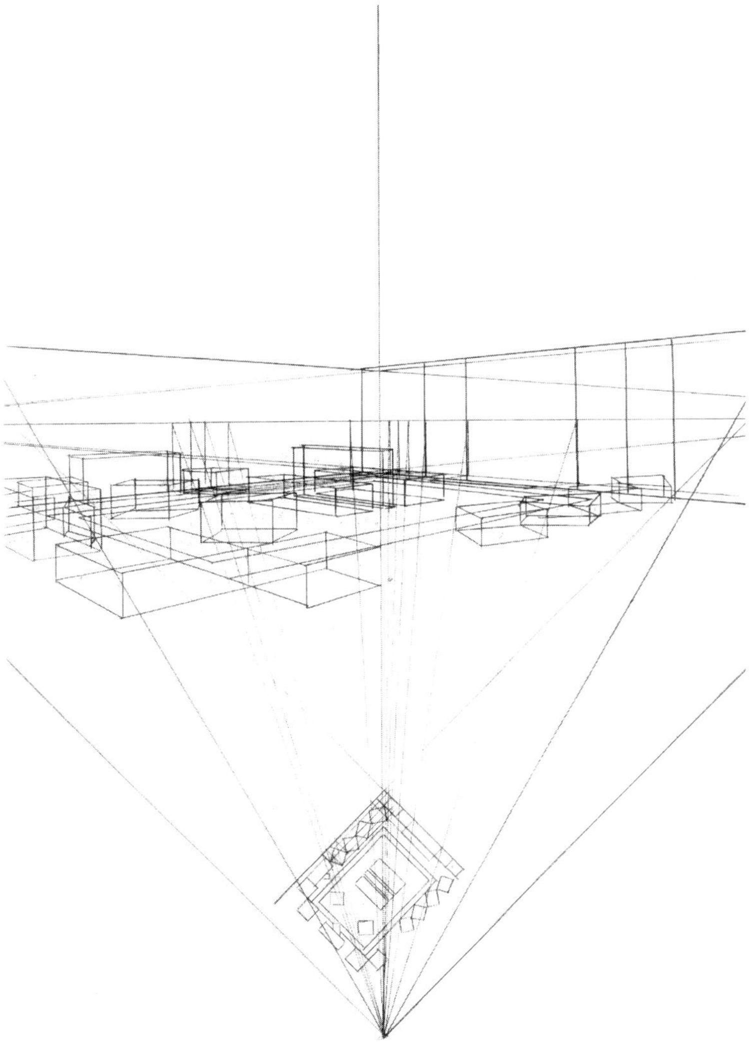

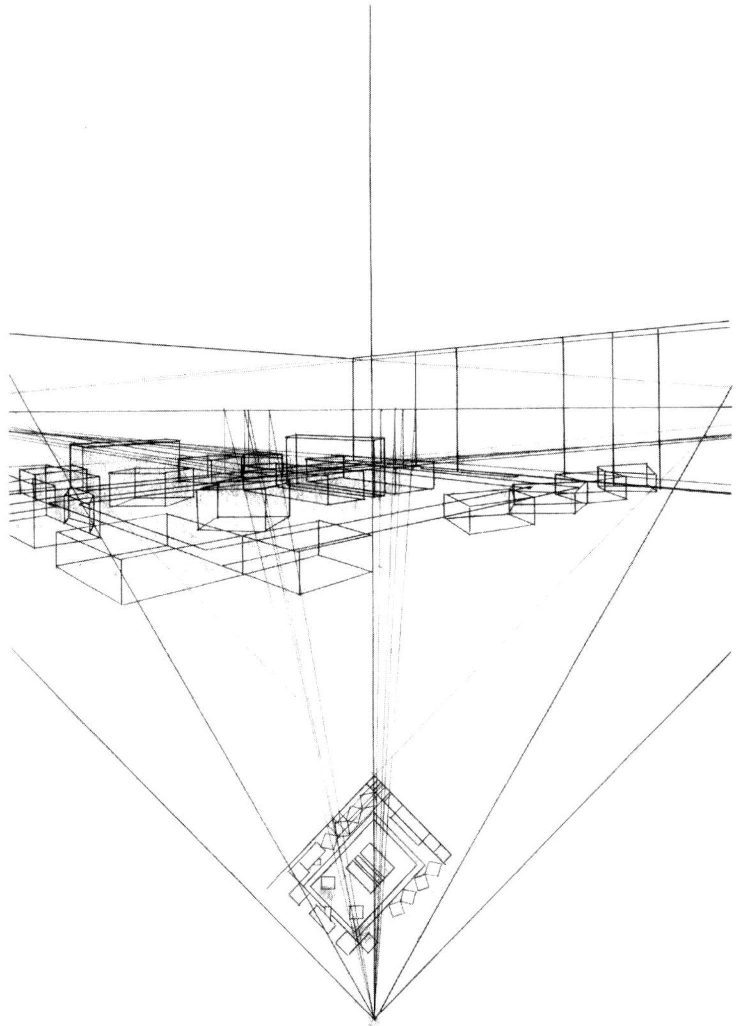

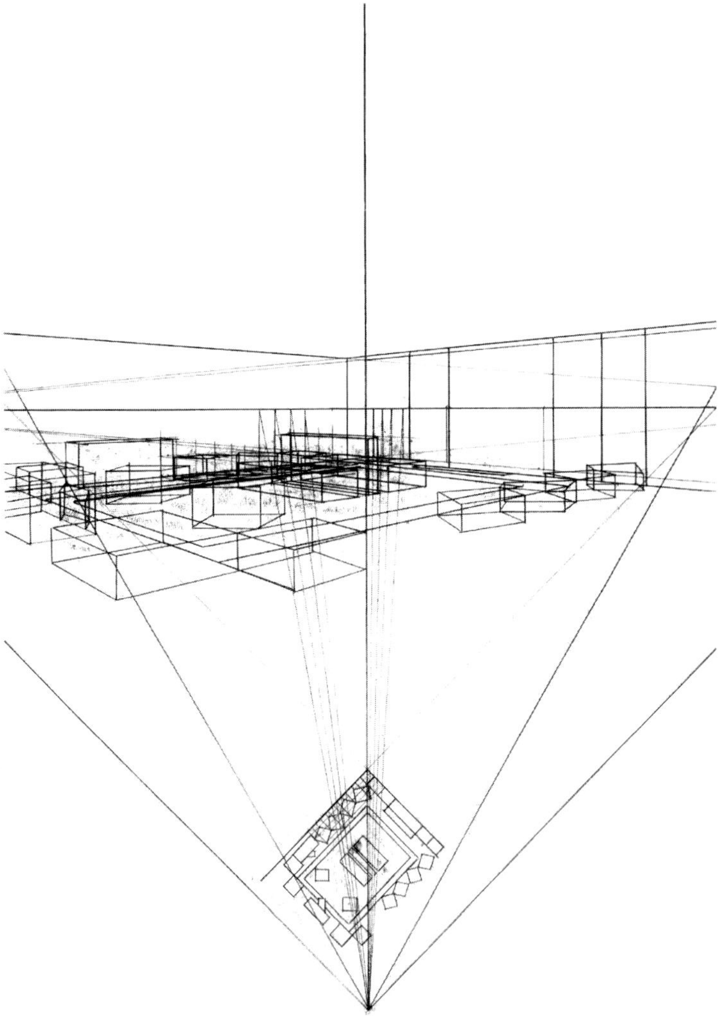

참고문헌

「하이터치 드로잉과 하이테크 프리젠테이션」 Rendow Yee 저 김경숙 역, 기문당, 2001

「렌더링 테크닉」 Mike W & Lin. Asla」 저 김경준 역, 국제, 2001

「Color Drawing」 Michael E. Doyle, Van Nostrand Reinhold(VNR), 1981

「Illustrated Dictionary of Architecture」 Ernest Burden, McGraw-Hill, 1998

「The Elements of Style」 Stephen calloway @ Elizabeth Cromley, Simon@schuster, 1996

Simon@schuster, 1996

실내투시도 따라하기

최승복 (미)Pratt Institute Interior Design 학사 및 석사
Farrell Design Asso.(뉴욕) 근무
Gensler (뉴욕)근무
세일기술주식회사(한국)근무
세계 실내디자인 정회원 (IIDA)
현재 / 신라 대학교 실내디자인학과 조교수

2006년 3월 5일 1판 1쇄 인쇄
2006년 3월 10일 1판 1쇄 발행

저　　자 최승복
발 행 인 강해작
발 행 처 기문당
주　　소 서울 성동구 하왕십리동 966-22
전　　화 02) 2295-6171(代)~5
팩　　스 02) 2296-8188
출판등록 1976. 10. 7 (1-44)
홈페이지 http://기문당
http://www.kimoondang.com
I S B N 89-7086-861-5 93540

정　　가 **14,000원**